U0076279

Woody's Kitchen

屋底下的廚房

主廚Woody的療癒食譜103道，
今日一人食也幸福！

邱俊諺——著

悅知文化

作者序

蠻多人會問我是什麼動機開始做菜跟在 Instagram 上分享食譜的。其實契機很簡單，就是單純喜歡吃東西跟記錄而已。

記得是從大三開始，因為經常半夜嘴饞，想自己動手煮東西吃，順手記錄，但大量照片存在手機裡很占空間，不如就發布在社群軟體上，不僅不會消失，也能與更多人分享。

一開始還是新手的我，最常因為食譜中提到的「適量」或「少許」等詞彙，讓那道菜的調味失準，因而受到不少挫折。所以我在記錄時，會盡量讓自己的料理能以克數和大匙準確衡量材料，這個習慣讓不少粉絲們清楚了解調味的分量，也幫助他們能成功做出美味的菜。這應該也是大家喜歡看我的 Instagram 的原因之一，除了照片療癒，食譜的成功度也是很重要的一環。

我做的菜色風格很多變，原因是想吃什麼就會煮什麼，這是我覺得很重要的一個觀念，做自己喜歡的食物，才會有動力努力做到完美；自己滿意的料理，其他一同享用的人一定也能感受到料理的用心。

書中的料理，大多是以 1 ～ 4 人份左右的少分量去設計，可以依照早、午、晚、宵夜去做選擇，其中包含丼飯、鍋物、燒烤、

派對小吃、早餐等，不同類型的菜，應該能提供大家不少靈感。這本書也盡量以精準的分量去記錄，希望這些料理能夠讓大家獲得滿滿的能量。

除了享用到美味的菜餚之外，同時也能吸收到許多料理小知識，藉由這本書，讓大家體驗到我想傳遞的幸福感，如果過程中遇到任何問題，也歡迎找我聊聊。

最後，要感謝曾經幫助過我以及給予我鼓勵的人，大家的支持是我最大的動力，我會繼續努力做出更多、更多好吃的菜。

Woody／邱俊諺

推薦序

與 Woody 是在 Dcard 上認識，一開始就被他美味又簡單的料理所吸引，幽默的文筆更讓人覺得像朋友般親近。在經營社群上，他是我的大前輩，知道他堅持好幾年不接商業合作，讓我驚訝地倒退三百步，能一路秉持初衷真的很不容易。而在食譜的拍攝上，不論是照片還是影片，都能感覺到他對自己的要求，產量效率高到讓我想拜師學藝！

某次，在一個活動聚會相遇，從談話中就可以感受到他是真心喜歡做料理，才能無私大方地分享食譜給需要教學的粉絲，也不吝嗇給予建議。

耕耘多年，終於出版了一本集結精華的超強食譜書，其中涵蓋多種異國特色料理，幾乎全是簡單又好上手的路線，食材取得容易、用途廣泛，且詳細標註分量與成本，非常推薦初學者敗入學習！

煮食 Instagramer・**酸酸很愛煮**

本書從「精確的食譜」與「簡單做法」，到如何挑選各項食材及廚具的使用，每一章節內容都能幫助讀者快速上手，更為時下的年輕族群，設計出多道小資、少分量的美味料理，完全滿足現代人講求快速與小家庭的需求，並能無壓力的享受下廚樂趣。我也特別喜歡書中的「新手廚藝教室」，將新手做菜容易遇到的各式問題，迎刃而解。

本書作者 Woody 出身餐飲專業，與我在 Dcard 的美食版上相識。常看他將所學經驗融會貫通，創作出一道道簡單有趣的料理，分享於社群平台上，透過「家庭式料理的方式」，引起更多人對做菜的興趣與餐飲專業的認識，與我的創作理念相符。我也希望讓越來越多人喜歡上調酒與調飲，理解這產業中的辛苦與價值，為「餐飲業者」與「消費者」之間，搭起溝通的橋樑。

現代人外食比例偏高，也造成健康、食安問題層出不窮，在長時間食用過多高油、高鹽或問題食物的狀況下，會大量增加身體負擔。希望人人都能對「親手做料理」產生興趣，從這項興趣中漸漸認識各項食材的成分，開始重視自身周圍的食品安全與健康，因此，我大力推薦這本書成為每個人家中必備的料理指南。

嚐試調酒 Cocktail Home ｜高雄酒吧地圖 創辦人 ・Henny

目錄

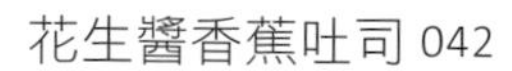

Chapter 1
每天早餐不苦惱

百變吐司與三明治，
簡單又省時，趕著出門也不擔心

Chapter 2
一碗就滿足的飯類

丼飯、蓋飯、燉飯，
還有偷吃步的咖哩飯

Chapter 3
隨意煮都成功的麵類

義大利麵、拌麵、炒麵，
還有湯控一定要學的鍋物

Chapter 4
居酒屋的明星菜色

從台灣吃到日本，
還有下飯又開胃的熱炒料理

肋排、鹹派、小漢堡，
特殊日子端上桌
絕不掉鍊的中式羹湯

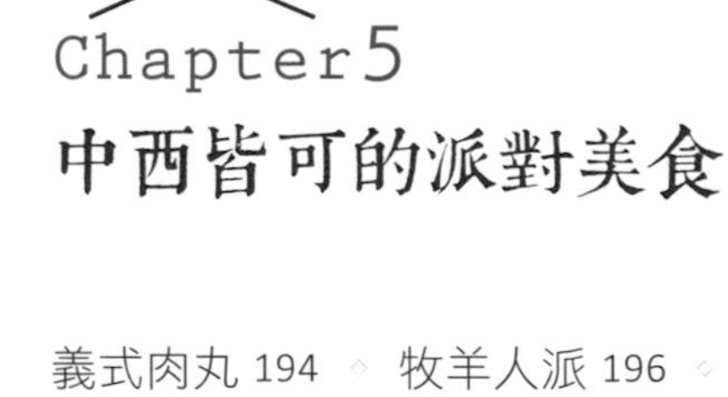

Chapter 5
中西皆可的派對美食

新手救星！

廚房的細節不馬虎

如何挑選適合的食譜？

大家很常遇到的問題是，市面上的食譜種類太多，不知道同樣的菜，要選擇哪一種作法比較容易成功？或是在挑選食譜時，哪一本才是適合自己的？

書店的各種食譜都是經過仔細編撰的，所以建議只要挑選自己喜歡或用得上的即可。我自己挑選的方法，是選擇收錄各種不常見的菜餚食譜，因為家常菜等常見料理，網路上比較容易查詢到，所以特色菜或稀有菜色，是我比較喜歡收藏的類型。

再來就是關於「計量」的問題。在食譜中，很常看到適量、加水淹沒過食材等用語，這些說法對於有經驗的人而言，可以憑藉經驗去抓出大概是多少，不太會失敗；但對新手來說，「適量」這種憑感覺加調味料的食譜，就是最容易失敗的點，因為食譜的適量可能是 1 大匙，而我覺得的適量可能只有 1 小匙。所以建議大家在尋找食譜時，調味料克數、食材多少、大小匙等單位，寫得越精確越好；跟做甜點一樣，甜點講求精確，比例對了，就容易成功，就算有誤差，也不會差太多。雖然每次購買的食材狀況都會不太一樣，所以才要依經驗憑感覺調整，但這種數字精確的食譜，能讓你有正確的概念，概念建立了，就會慢慢往能「憑感覺」做菜的方向邁進。

關於食材的秤量數據

如同前面提到的，在剛開始下廚時，一份數量精準的食譜會幫助你成功，所以對於食譜中提到的秤量數據，也必須有一個基礎認知。通常會用到的就會是毫升（c.c）、克（g）、大匙、茶匙、斤、兩、杯這些數字。而不少人對於大匙、茶匙比較會有疑問。

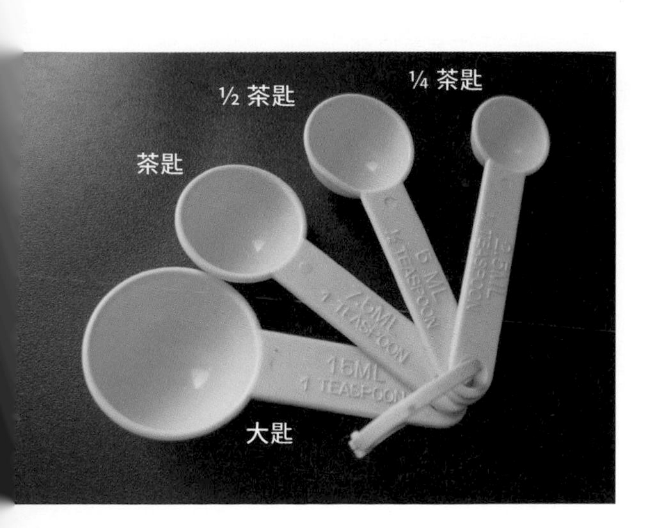

大匙：15 毫升（c.c）

茶匙：5 毫升（c.c）

½ 茶匙：2.5 毫升（c.c）

¼ 茶匙：1.25 毫升（c.c）

1 杯：240 毫升（c.c）

1 米杯：160 毫升（c.c）

1 斤：600 克（g）=16 兩

1 兩：37.5 克（g）

好的器具讓你料理更順手：刀子的選用與保養

市面上有許多不同款式的刀子，我自己在選用時，會留意以下幾個選擇點：

1. 刀柄不是木頭的，可以防止天氣潮濕發霉。
2. 前面的刀鋒是可以磨的，讓我在每次做菜時都能保持鋒利。
3. 刀身具有一定厚度，經得起磨利，不容易變形損壞。
4. 最後，就是這款刀子的重量是好拿的，不會太重，也有足夠的重量讓我拿刀時能保持平衡。

磨刀的部分，建議大家可以購入 IKEA 的簡易型磨刀器。刀子在使用前一定要磨利，不鋒利的刀子反而會讓你不好施力，用力過猛時，容易發生意外而傷到自己的手。

刀具使用的安全事項

使用刀具時，務必小心刀鋒與手的距離，不要切到手。刀具暫時用到告一段落，一定要放好、放穩固，如果刀具會滑動是很危險的。最重要的是，當刀具掉落時，絕對不要用手去接，儘管可能是反射動作，但手如果抓到刀鋒處是會受傷的，刀具壞了可以再買，但受傷了可能就得一段時間不能下廚了。

大火、中火、小火的祕密

火候的控制，是烹飪中很重要的一環，火侯掌握好，就是菜餚美味的關鍵。但是究竟該如何分辨何時要使用什麼火侯呢？以下分享我做菜時火候掌控的經驗。

大火

會運用到大火的菜餚，通常是熱炒、燉菜、炒飯、湯類。熱炒菜為了講求快速，前製一般會將食材處理至半熟或全熟，不用擔心不熟。再來則是利用大火讓料理上色、產生香氣，並且讓醬汁快速包裹至食材外圍，通常食材的特點都是體積小，不會有外面焦裡面生的問題。

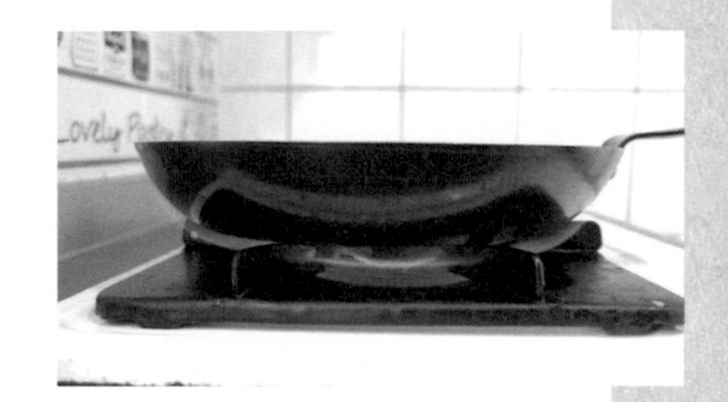

中火

中火通常適合會拿來煎肉。好處是可以轉大火讓外表上色，或是轉小火讓中心內部慢慢熟透。當你對大火菜餚沒有把握時，就可以利用中火去烹調，簡單來説，就是食材可以沒熟再煮，或可以老一點口感不好，但只要焦掉就等於完全浪費。所以中火是很適合練習控制火侯的。

小火

小火則是為了讓食材均勻的慢慢熟透，通常會用於燉菜、煎蛋、煎餅等，要保持熱度但是很容易過熟的菜。煎蛋容易燒焦，所以小火才能讓蛋白一起熟透，外表不會焦掉；燉菜則是要讓食材軟化，可是大火會讓醬汁收乾，所以通常要利用「大火」讓醬汁沸騰後，再用「小火」保持沸騰的溫度，讓食材煮至軟爛。

Woody Tips

開火必須注意的安全事項

在廚房用火時，跟用刀的時候一樣，一不注意就會發生危險，所以有以下幾點要注意：開火前記得把鍋子放好，不要讓瓦斯爐開火時上面空無一物，因為火焰竄起時高度不一定，容易燒到東西，所以一定要有鍋具在上方再開火。

錯誤示範

新手廚藝訓練教室！

基本的刀工切法

通常切菜備料時，經常看到以下幾種詞：切條、切塊、切片、切丁、切絲、切末，這幾類就是基本刀工的切法，其他不同的切法，通常也是由這些方式延伸出來的。白蘿蔔質地好切，分量也夠多，很適合拿來練習刀工。

切條

❶ 切條的定義是，將食材切成長度 4 到 6 公分，寬度約 0.5 到 1 公分的條狀。為了方便練習，先將蘿蔔修整成一個長方體。

❷ 再來切成寬約 1 公分的厚片。

❸ 然後切成長度約 4 公分的條狀。

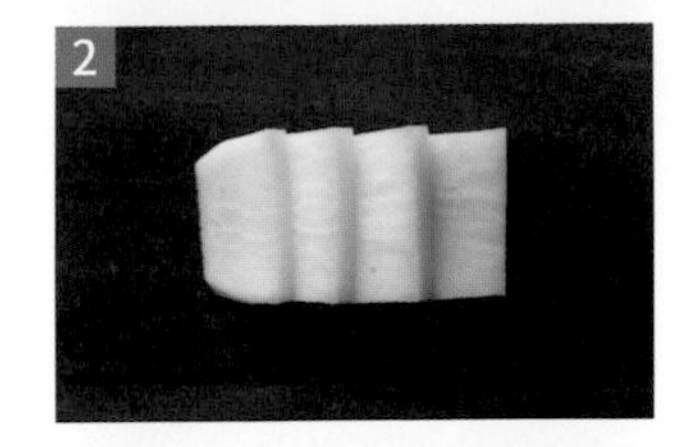

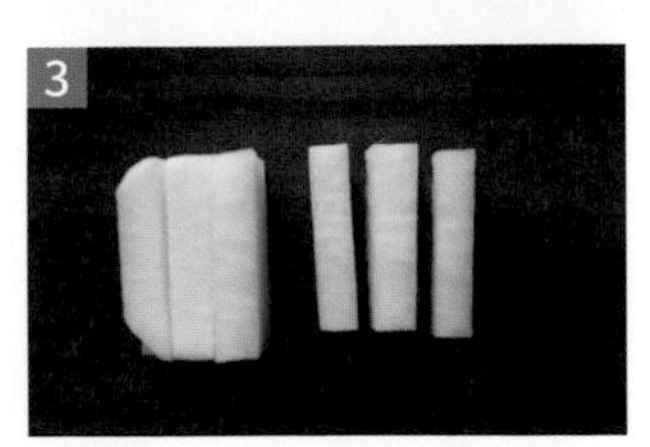

切塊

❶ 切塊則是切成好入口的立體狀，先切成約 2 公分的長方體。

❷ 再切成立方體，依照料理的需求，去更改形狀與大小。

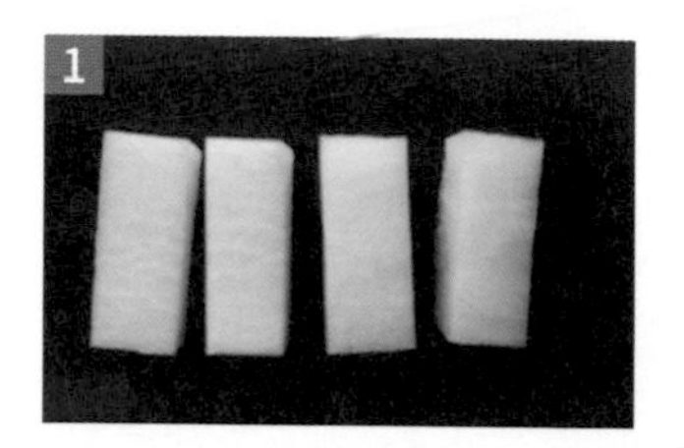

切片

❶ 切片是切成 0.1 到 0.2 公分的片狀，先將食材放穩，再慢慢地切片。切片是我覺得最容易切到手的切法，食材不要滑動，可以切的醜，但不切要到手。

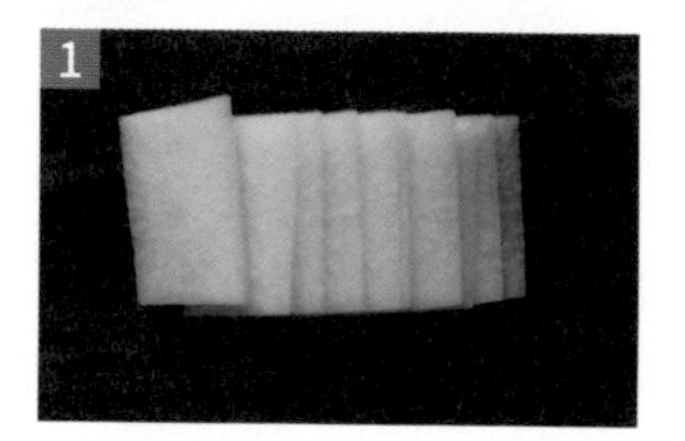

切絲

❶ 切絲是將食材切成 0.1 到 0.3 公分的細絲狀，適合高麗菜、香菇、筍等食材，會運用到前面練習的片狀。

❷ 將幾片薄片疊擺放在一起之後，耐心地切成細絲狀。

切末

❶ 切末有時候食譜會說切碎，把食材切成薄片狀後再切絲，切成絲後，抓成整齊的一束。

❷ 再慢慢地切成細末狀。

切丁

切丁的定義是，將食材切成 0.5 公分左右的小正方體。切丁則會運用到前面練習的條狀。

❶ 把條狀食材整齊排列好。

❷ 再一起切成小丁狀。

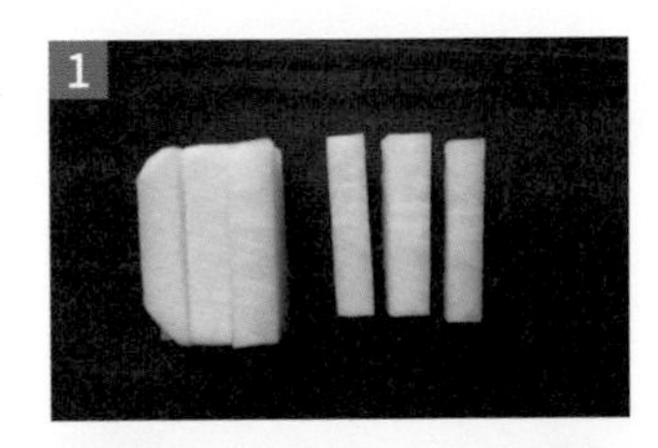

額外幫助成功的必備利器

為了讓下廚更容易成功，推薦以下幾種工具，能幫助大家秤量得更精準，或是作菜過程更加便利。

配菜盤

切好的食材，可以先整齊地擺放在不鏽鋼盤上，砧板就可以保持足夠的空間；或是可以先洗淨砧板，讓工作的區域更為寬敞。

電子秤

只要有電子秤，就可輕易地知道食材的克數，不需要憑感覺去猜想取用的分量跟食譜寫得一不一樣。

量杯

有刻度的量杯，可以準確測量液體的分量與體積。做醬料、煮湯、醃肉時，都可利用量杯去混合或添加。但要留意玻璃杯如果溫差太大會容易裂開，所以使用時，請注意食材與玻璃杯本身的溫度。

廚具的選用與介紹

要做出好菜，順手的廚具也是很重要的一環，我自己在選用廚具時，廚具的重量順不順手、質地、如何保養、清洗，都會是需要注意的。但是貴的一定代表品質好嗎？不一定。我認為，任何廚具不管便宜還是昂貴，都是可以使用，比起價格，更重要的是清楚理解選用的是什麼材質、如何保養。熟悉廚具的狀況，用心維護，才能延長廚具的使用壽命。而這次書中常用到的廚具，主要是以下幾種：

平底鍋

平底鍋我會選用沒有塑膠把手，清洗相當方便，只要好好保養，可以使用很久。大約 26 公分左右的鍋子，很適合煮少人份的餐，分量很剛好。在選用時，記得感受一下鍋子的重量，太重的鍋具用起來很累，也較不易掌控。

單柄湯鍋

外觀鮮豔的單柄湯鍋，可以負責所有湯類料理，煮湯、煮麵都好操作，外觀好看的鍋子也可直接拿來當成容器擺盤，完成一些一鍋到底的料理，很符合 2 至 3 人份的料理需求。

❶ 陶鍋

陶鍋的優點是可以直接瓦斯爐加熱、保溫度高，燉煮類型的菜餚使用陶鍋製作，可以輕易地保持在持續沸騰的狀態，並提高燉煮菜餚的成功率，也可直接擺盤上桌，也是可以一鍋到底的類型。

❷ 電鍋

大家家中應該都有這款電鍋，是最入門款且好上手的家電。只要有足夠想像力，電鍋能變出來的懶人料理，是十分多樣化的。

❸ 烤箱

烤箱沒有特定的要求，只要選擇能整調溫度和時間，就能完成除了甜點外的所有烤箱料理。因為每台烤箱的熱度傳導不太一樣，所以要多試幾次，才能依照烤箱的導熱速度調整烤製的時間。

Column

小型爐具選擇

如果是住在沒有廚房的套房，又想煮個東西時該怎麼辦？這時就會需要小型簡便的爐具，而最常出現的簡便爐具便是下面三種。

❶ 卡式瓦斯爐

卡式瓦斯爐是最接近家用瓦斯爐的一款。使用瓦斯罐，以明火為主，價格也是最便宜的。好處是火力最接近瓦斯爐台，煎、炒類都能輕鬆做到。缺點是因為是明火，爐子發燙會有危險，有燙到的風險。因為能煎、炒，所以油煙也偏高，瓦斯罐雖然便宜，但也需要妥善保存。

❷ 電磁爐

電磁爐是透過電流產生電磁波，讓鍋子本身發熱；只用於能產生電阻的金屬材質鍋具，挑鍋的現象比較嚴重。優點是熱能不易散發，加熱時間短，也不會讓夏天煮菜渾身大汗。因為是讓鍋子自己加熱，所以爐面比較不會燙，安全度較高，只是烹調的方式，只適合燉煮。用完可以馬上擦乾淨收納，比較方便。

❸ 黑晶爐

這是利用燈管加熱玻璃爐面，再導熱至爐子的爐具。比較不挑鍋，也不是明火，但爐面依舊會發燙，所以特性介於瓦斯爐與電磁爐中間，優點是不挑鍋具，也能烹調瓦斯爐類型的多數料理。缺點是初期加熱較慢，耗電量大，爐面也會發燙。相較起來，只要小心使用，黑晶爐是很方便的。

基礎常備醬料

料理時會需要很多醬料與調味料，除了基礎的糖、鹽巴之外，有眾多的調味料可增添風味，以下分享我的廚房中，會常備的基礎調味料。

醬油

醬油是很常用到的調味料，挑選時，可以這種帶有些許甜味的為主，調味的時候就不會過於死鹹。大家可以多嘗試不同品牌，再找出自己最喜歡的味道。

醬油膏

醬油膏跟蠔油常常被混在一起，兩個味道差不多，但蠔油偏鹹、醬油膏偏甜。而蠔油獨特的風味更明顯，所以會推薦基礎準備醬油膏即可，不僅當沾醬，調味時風味也不會太突兀。

老抽

老抽是發酵完成的醬油，再靜置，然後調糖色完成的，也就是顏色較濃的醬油，味道、鹹度都一樣。但因為顏色特別深，所以很適合輔助菜餚上色，想讓菜色更美觀，不妨準備一罐老抽。

麻油

麻油是三杯雞、麻油雞等傳統台灣味很常用到的材料。也可用在許多料理中增添香氣，尤其是小火慢煸薑片或蒜頭。但麻油高溫加熱太久容易有苦味，需小心火候。

香油

香油與麻油類似，一樣是由芝麻製成，但比起適合炒菜的麻油，香油更適合起鍋上桌前加入，增添香氣的同時也增加色澤。

米酒

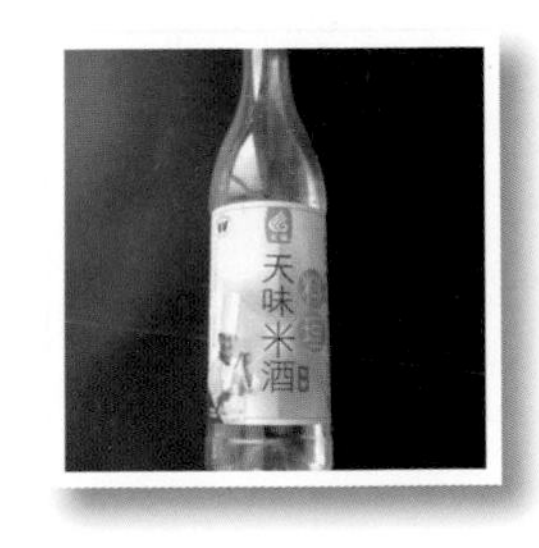

酒是去腥、提味、醃製必備的材料，幾乎所有菜餚都會需要用到酒。以我們的飲食習慣與生活環境，最常用到的就是米酒。如果用量不大，可以選擇玻璃瓶的，比較方便保存；若是常常下廚，則可選擇寶特瓶裝的，價格便宜也方便收納。

白醋

醋是醃製許多醬菜，或提升酸味的主要調味料。煮醬汁與調味時，也可以用醋的酸味來對比甜味，讓甜味更加明顯。

魚露

魚露是南洋料理極為重要的調味料，有點像是南洋菜的醬油。雖然味道聞起來臭臭的，但烹調過後的香氣，是南洋料理不可或缺的。

紅、綠咖哩

通常紅、綠咖哩要在東南亞商店才容易取得，但價格便宜，分量也多。兩者的差別只在於原料用的是紅辣椒或綠辣椒，但成品的香氣卻很不同，嗜辣者一定要準備。

韓式辣醬

韓式辣醬是韓式料理的必備醬料，常在韓式拌飯、部隊鍋、烤五花肉中出現。有分成採用糯米辣椒製做的微辣版，或一般辣椒製作的正常辣度版。冰箱常備一罐，除了料理，拌麵、拌飯也很適合。

番茄醬

酸酸甜甜的番茄醬，拿來當沾醬搭配雞蛋、薯條、三明治皆可。煮菜時也可利用番茄醬激發新鮮番茄的甜味，調製醬汁時也很方便，是我自己很愛用的調味料。

味醂

味醂是帶有甜味、類似米酒的調味料。同時也是照燒類型的菜，一定會需要的材料。日式料理中很常使用到，能幫助食材去除腥味，同時也會讓食材更具有日式風味。

基礎常備香料

超市是最適合購買香料的地方，所以接著介紹幾種好用，適合常備的香料。

巴西里：最常運用在西式料理，適合裝飾時使用。

胡椒：我特別喜歡這種研磨胡椒，香氣十足，也帶有一種微甜的味道。

五香粉：特別適合運用在醃肉或滷肉，可去除腥味、降低油膩感。

義式香料：西式香料很多種，如果不確定各個香料的氣味與用法，這個是最適合買一罐代替各種香料的。

孜然粉：孜然粉很適合加在肉類料理中，香氣特別濃郁。

湯用胡椒粉：用途與胡椒很接近，但更適合用於湯品，以增添香氣。

除了訓練好廚藝，還有讓菜好吃的祕訣

餐具與桌巾的選用

除了菜煮的好吃又好看，盛裝的容器、餐具、桌巾布置，也多少會影響食慾，身為一個喜愛拍攝食物照的人，這些小細節也能幫助食物照片更好看，在享受食物美味的同時，增加一點儀式感，讓烹飪這件事情更有成就感、更有趣。

想要買到好看且實用的餐具或餐盤，需要一點點運氣。我經常會瀏覽網路店家、家具店或各種可能出現餐盤的地方，許多高品質又好看的餐盤是無意之中發現的，其中，還有一些特別珍藏的餐具是從服飾店買到的，或是從泰國挖到寶帶回來的。

小資族愛用店家與食材購買地點

不同食材有最適合購買的地方，只要選擇對的地方購買食材，就能省下不少成本。也可依照要煮的料理份數，去挑選在哪裡購買食材。我自己主要購買食材的地方，較多是傳統市場、超市、Costco，各有優缺點。多去不同的地方逛逛，也可以知道各項材料的市場價格，久而久之，也會知道在哪裡買最划算。

傳統市場

傳統市場可以買到很新鮮的蔬菜、肉品、水果，還有各種乾貨。因為是秤斤論兩賣，最大好處是可依照預算跟人數選擇購買的分量。「半斤豬絞肉」、「100 元的雞胸肉」、「小一點的洋蔥」，這些都是我常在傳統市場講的話。跟老闆混熟，也可以獲得許多食材的小知識，購買小分量時也會更加容易。親切的老闆會讓我享受到很棒的購物體驗，對我來說，熟悉市場之後，逛市場是一件很紓壓的事。

超市

超市適合購買醬料、各式香料、加工製品、乳製品，還有麵條、米、麵粉等乾貨類。與傳統市場重複的東西不多，重複的就是部分蔬菜與肉類。但超市適合購買各種肉片類，像是五花肉片、火鍋肉片，不僅分量剛好，能一次用完，傳統市場也沒有這麼薄的肉片，所以肉片較推薦去超市購買。

Costco

美式賣場最著名的就是各種大分量的肉類、牛奶、起司、麵包，推薦要辦派對或是多人用餐的時候，可以選擇去美式賣場。尤其是火腿、起司、牛奶、麵包等歐美餐點常見的材料，在美式賣場買會特別划算。

去傳統市場時，一定要帶購物袋喔！避免跟攤販拿塑膠袋，否則一趟下來塑膠袋的用量會太多。記得盡量穿布鞋不穿拖鞋，市場常見的菜籃車很容易輾過你的腳的。

四週食材的建議搭配

食材常常會有剩下用不完的困擾，因為再怎麼購買精準的分量，都有可能會剩餘。所以搭配一週菜單時，在一週的開始，可先選擇有共同使用到的食譜，讓不易消耗或保存的食材先使用掉。不僅可以減少浪費，還能節約成本。像是番茄、小黃瓜、蔥、豆腐、麵條等，能久放或實用性高的食材，就可以配合其他食材使用。總結來說，就是菜單的預先設定與搭配是很重要的，以下提供幾種一週菜單的搭配方式。

常用食材價格分布

傳統市場

	品項	購入重量	單價（元）
蔬菜類	蔥	300 克（1 把）	25
	小黃瓜	300 克	12
	香菜	100 克（1 把）	10
	洋蔥	300 ～ 400 克（顆）	30
	彩椒	1 顆	40
	番茄	300 克	25
	鴻喜菇	65 克	35
	檸檬	2 顆	10
	青江菜	200 克（5~6 株）	20

傳統市場

	品項	購入重量	單價（元）
蔬菜類	韭菜	200 克（1 把）	35
	豆芽菜	超多	10
	紅蘿蔔	200 克（1 根）	25
	香菇	150 克（約 5 朵）	35
肉類	雞胸肉	1 付（約 500 克）	65
	土雞腿	1 隻（600 克）	270
	肉雞腿	1 隻（600 克）	150
	豬絞肉	半斤	90
	豬里肌	半斤	90
	五花肉	1 條	100
再製品&辛香料	肉鬆	100 克	50
	油麵	300 克	20
	紅、綠咖哩	1 包	35
	豆干	250 克	25
	辣椒	50 克	12
	蒜頭	300 克	60
	薑	300 克	50

超級市場

	品項	購入重量	單價（元）
肉類	火腿	200 克	78
	五花肉片	300 克	65
	鯛魚片	400 克	90
	牛肋條	400 克	270
	培根	200 克	90
再製品	起司絲	500 克	127
	奶油	100 克	60
	豆腐	1 盒	23
	高湯	400 毫升	23
醬料乾貨	米酒	600 毫升	65
	醬油	500 毫升	75
	番茄醬	350 克	65

		Monday	Tuesday	Wednesday	Thursday
第一週	食譜	單人大阪燒	薑燒豬肉米漢堡	回鍋肉	日式串燒雞肉丼
	延續食材		高麗菜、五花肉	五花肉片	豆瓣醬
	成本（元）	104	80	160	84
	份數（人）	2	2	2	2
第二週	食譜	起司排骨	肉醬熱狗堡	義式肉丸	義式肉丸起司堡
	延續食材	韓式辣醬	起司絲	豬絞肉	義式肉丸
	成本（元）	155	161	135	100
	份數（人）	2	2	2	2
第三週	食譜	塔香三杯雞	麻油雞拼松坂肉	麻油雞米糕	麻油雞燉飯
	延續食材	九層塔	雞腿肉	麻油雞	麻油雞
	成本（元）	175		450	60
	份數（人）	3		3	2
第四週	食譜	泰式鳳梨炒飯	冬蔭功湯河粉	泰式雞肉炒河粉	家庭式烤肉
	延續食材	黃咖哩	蝦仁	河粉	韭菜、豆干
	成本（元）	113	203	113	120
	份數（人）	2	3	2	3

Friday	Saturday	Sunday	總成本	人均週成本	人均日成本
居酒屋烤肉盤	韓式烤五花飯	豪華韓式拌飯			
雞腿肉	五花肉	泡菜、五花肉			
305	97	144	974	487	69.5
3	2	2			
起司番茄沙拉	美式起司漢堡	打拋豬肉飯			
番茄	起司片	豬絞肉			
85	115	105	856	428	61.1
3	3	2			
椰漿雞肉義大利麵	南洋黃咖哩義大利麵	雙色雞肉咖哩飯			
雞腿肉	椰漿	椰漿、黃咖哩			
147	175	152	1159	386	55
2	3	3			
暖呼呼關東煮	娃菜菌菇清雞湯	剝皮辣椒雞湯			
火鍋料	娃娃菜	雞小腿			
330	163	154	1196	398	57
3	4	2			

剩餘食材的保存

雖然我多數時候都是當天將食材用完，但是總會有些剩下或是吃不完的，這時我通常會使用保鮮盒來處理剩下的食材。建議大家可以常備一些玻璃或塑膠的保鮮盒，經由透明的材質可清楚掌握食物的狀況，再取用時，也不需要一個一個重新打開確認。

使用保鮮盒保存，有醬料或是帶有氣味的醬汁類菜餚，也不會散發出來味道影響冰箱的氣味與整潔，更不容易有袋子破掉、湯汁滴出的風險。玻璃類的器皿要覆熱時，直接進微波爐加熱就可以。

Column

基礎拍攝&擺盤技巧

拍攝與擺盤一樣，都是需要練習的，剛開始也是建議從模仿漂亮的照片，多多練習才會慢慢進步。接著分享一些我自己的不專業拍攝手法，拿一樣配件當作示範，通常我的拍攝手法會有以下幾種角度：

初學者輕易上手的拍攝角度

上帝視角

這種拍攝法，主要是凸顯擺盤的一致度或對稱度，擺盤十分精緻或是特別整齊的料理，就可以使用這種角度拍攝。

45度角

這是最常見的拍攝角度，只要讓對角線的畫面不單調，畫面就會很完整，構圖也是最簡單清楚的，主角放上去之後，再略將空白的角落填滿即可。

30 度角

要讓視覺能聚焦注意在某個定點上時，可以用平一點的 30 度，讓前方的焦點凸顯出來，後面的背景比較模糊，也就是所謂的景深，這樣的效果會讓視線停留在前面的定點。

0 度

零度通常是為了呈現食物的高度，也可以清初看到食材堆疊的樣貌，但會像圖中的背景不容易布置。這樣的視角能拍出風格獨特的照片，但同時難度也較高。

拍攝時我習慣使用自然光，讓光線從前方或左前方過來，在光線的對角側，也就是右下角，會加一塊反光板，讓右側容易有陰影的部分獲得足夠光源。在這些步驟完成之後，就可以開始測試不同角度，多拍幾張，每一次拍攝都微調光線、擺放方法，再從眾多照片中，挑選一張覺得最合適的，通常都會拍到 20 張左右，而拍出好照片的訣竅就是多拍幾張、素材夠多，才有足夠的量可以篩選。

培養美感的基礎擺盤

大家常常會有菜煮好了，味道也很棒，但是因為擺盤不好看，而讓食慾大減。擺盤不僅是提升食慾的一環，也是培養美感的好時刻。但是在觀念培養起來之前，該如何清楚地知道如何擺盤呢？建議大家可以多看一些相同料理的不同擺盤，模仿你覺得好看的，多模仿幾次，自然會知道該如何擺出適合的樣子，以下我依照書中的菜色幫大家做簡單的分類。

特殊形狀餐具擺盤

如果是較難凸顯內容物的醬汁型料理，可利用特殊花紋或造型的容器裝盛，跳脫對料理形狀的想像，通常使用了特殊餐具，就不太需要太耗費心思去想裝飾擺盤。

圓形擺盤

將所有食材圍繞著圓盤中心擺放，整盤料理會具有一致性，然後利用中心點的裝飾，讓大家眼睛焦點落在中心，再慢慢往外，通常會用在炒飯類或食材種類較少的料理上。

便當盒擺盤

便當盒本身已有完整的形狀，通常是圓形或方形，所以只要把這個區域當成畫布，發揮想像力來裝飾，就會很好看，也不容易失敗。目前市場上有許多便當盒都很具設計感，裝飾不用太多，也會產生很棒的效果。

滿出來的擺盤

選用小一點的容器，食材盛盤時，能夠超出容器，視覺上看起來會出現很大碗、很豐富的錯覺，湯麵類普遍容易看起來湯太多、料太少，因此相當適合使用小容器擺盤。

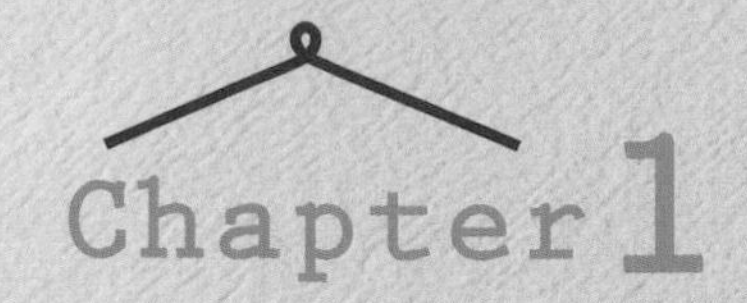

Chapter 1

每天早餐不苦惱

Enjoy tasty food everyday!

百變吐司與三明治，

簡單又省時，趕著出門也不擔心！

花生醬香蕉吐司

份數 1人 | 成本 $14

器具
烤箱

重點食材
花生醬

購買點
超市

花生醬是很實用的材料，配鹹配甜都能提升美味程度。烤過的香蕉會有一種香甜軟滑的口感，加上花生醬濃郁的香氣，是齒頰留香的不敗搭配。

（材料）

吐司 … 1 片
花生醬 … 20g
香蕉 … 65g
糖 … 1/2 茶匙

（作法）

1. 吐司抹上花生醬，放上切片的香蕉，撒上糖（可以依喜好不放喔）。
2. 烤箱預熱 175℃，作法 1 放入烤約 12 分鐘，即完成。

香蕉是很容易氧化的水果，所以切片後要盡早放進烤箱烤，以免氧化後外觀不佳，但是氧化後的口感風味不會改變，一樣很美味。

Woody Tips

做這個吐司要慢慢來，細心有耐性，成品才會漂亮。

（材料）

起司片 … 1 片
吐司 … 1 片
果醬 … 2 種

（作法）

1. 起司片切成條狀後，再切成約 1 公分大小的丁狀。
2. 作法❶以棋盤式整齊地排放在吐司上，空隙用果醬填滿。
3. 將烤箱預熱 180℃，烤 5 至 8 分鐘，即完成。

份數：1人｜成本：$40

器具：烤箱

重點食材：起司、果醬

購買點：超市

這是一道幾乎沒有難度的起司果醬吐司，但只要運用一點小巧思，就可以看起來賞心悅目。在吃早餐時，除了填飽肚子，美麗的餐點也是提升好心情的關鍵之一。

方格果醬吐司

奶油烤糖吐司

份數 1人 | 成本 $35

器具
烤箱

重點食材
奶油、蜂蜜

購買點
超市

這道有點像名產奶油酥條，奶油跟蜂蜜混合後，再跟吐司一起烤。入口的時候，奶油與蜂蜜的香氣撲鼻而來，還可同時享受到吐司跟糖的酥脆口感。

(材料)

吐司 … 2片
糖 … 1大匙
奶油 … 20g
蜂蜜 … 20g

(作法)

1. 將奶油用微波爐或烤箱加熱，軟化成液態；加入蜂蜜拌勻，備用。
2. 吐司切成1/4的大小的正方形，刷上作法❶的蜂蜜奶油，撒上糖。
3. 烤箱預熱175℃，放入作法❷烤約15分鐘，即完成。

烤到12～13分鐘時，留意吐司的上色程度，每台烤箱的加熱速度都有些微差距，記得觀察一下，以免吐司烤焦。

水果乳酪吐司

份數 1人 | 成本 $34

器具
水果刀

重點食材
水果

購買點
傳統市場

早晨出門總是時間很趕，需要快速吃完早餐。有時可以發揮創意，將水果跟早餐結合，水果的營養供應大家一整天的健康能量。

（材料）

吐司 … 1 片
奇異果 … 1 顆
柳丁 … 1 顆
芒果 … 30g
香蕉 … 1 根
奶油乳酪 … 1 大匙
糖 … 1 大匙

（作法）

1. 奇異果與柳丁去皮，切成片狀；芒果去皮，切成丁狀；香蕉切片。
2. 將奶油乳酪與糖混合均勻，吐司抹上奶油乳酪，鋪上作法❶的切片水果。
3. 再將作法❷的吐司整齊地切成長方形，即完成。

水果切好， 多餘的可以冰在冰箱備用，但香蕉因為容易氧化，記得在擺之前再切。

份數	成本
1人	$34

器具
烤箱

重點食材
棉花糖

購買點
超市

白白胖胖的棉花糖烤到微微上色後，會有一種外脆內柔軟的口感。這道料理不僅方便快速，顏值也很高，十分療癒。

巧克力棉花糖厚片

(材料)

吐司 … 1 片
巧克力醬 … 1 大匙
棉花糖 … 9 顆

(作法)

1. 將吐司均勻抹上巧克力醬，整齊鋪上棉花糖。
2. 烤箱預熱 180℃，放入作法 1 烤約 10 分鐘，取出淋上巧克力醬做裝飾，即完成。

棉花糖開始上色後，顏色變深的速度會很快，記得注意上色程度，小心不要烤焦。

肉桂蘋果厚片

份數 1人 | 成本 $37

器具
烤箱

重點食材
蘋果、肉桂粉

購買點
超市

Woody Tips

在吐司上塗一層奶油，是為了防止蘋果片的水分滲透到吐司中；蘋果片切越薄越容易成功，切的時候請小心不要受傷。

有些人認為肉桂是西方人的薑，因為有強烈獨特的味道。有些人很愛、有些人無法接受。但肉桂跟蘋果的組合，相當令人著迷，很適合搭配紅茶一起享用。

（材料）

吐司 … 1 片
蘋果 … 100g
奶油 … 10g
糖 … 15g
肉桂粉 … 1/2 茶匙

Ⓐ（糖水）
水 … 320c.c
糖 … 1 大匙

（作法）

1. 將蘋果洗淨，連皮切成薄片，備用。
2. 取一大碗，將作法❶與 Ⓐ 的材料混合均勻。
3. 取一牛奶鍋，放入作法❷以大火煮滾後，轉小火煮 3 分鐘。
4. 取出作法❸的蘋果片，瀝乾糖水，放涼備用。
5. 吐司抹上奶油、撒上糖，以順時針方向將作法❹蘋果片放上，刷一層剛剛作法❹的糖水，撒上肉桂粉。
6. 烤箱預熱 200℃，將作法❺放入烤約 15 分鐘，即完成。

泰式奶茶厚片

👤份數 1人 | Ⓢ成本 $25

器具
烤箱

重點食材
泰式奶茶

購買點
超市

Woody Tips

材料 Ⓑ 在混合時，一定要加奶茶，才能幫助麵粉均勻融合不結塊，在熬煮醬汁的時候也會比較滑順，不然結塊後會很容易燒焦。

前陣子很流行自製奶茶抹醬，我將這個概念運用在泰式奶茶上。做出來的醬跟泰式奶茶一樣，重現網紅級的泰式美食小吃。

（材料）

吐司 … 1 片
椰子脆片 … 10g

Ⓐ 泰式茶葉 … 2 大匙
熱水 … 300c.c
煉乳 … 2 大匙

Ⓑ 蛋黃 … 2 顆
低筋麵粉 … 1 大匙

（作法）

1. 泰式茶葉用熱水沖泡成深紅色，過濾茶葉後，加入煉乳攪拌均勻。
2. 取一大碗，將 Ⓑ 的材料混合均勻，加入 1 大匙的作法❶拌勻。
3. 取一牛奶鍋，將作法❷以小火熬煮成奶茶醬（大約需 10 分鐘）。
4. 烤箱預熱 200℃，放入吐司烤約 5 分鐘。
5. 作法❹取出後，抹上作法❸奶茶醬，撒上椰子脆片，即完成。

綜合披薩吐司

份數 1人 | 成本 $40

器具
烤箱

重點食材
雞胸肉

購買點
傳統市場

披薩吐司是很好發揮的料理，不需要自己擀麵皮，上面的材料想吃什麼就放什麼。這次使用培根、蘑菇、九層塔與雞胸肉，搭配起來散發誘人的香味。

（材料）

吐司 … 1 片
蘑菇 … 20g
培根 … 40g
雞胸肉 … 70g
番茄醬 … 1 大匙
起司絲 … 60g
九層塔 … 10g
黑胡椒 … 少許

（作法）

1. 蘑菇切成片狀、培根切成小片，備用。
2. 起油鍋，將雞胸肉煎熟後，切成丁狀。
3. 將吐司抹上番茄醬，先撒上 1/3 的起司絲，再依照喜好放上蘑菇、培根、雞胸肉與九層塔。
4. 烤箱預熱 200℃，將作法 3 放入烤約 10 分鐘，取出撒上黑胡椒作裝飾，即完成。

吐司選擇厚片的，吃起來具有飽足感，也能防止材料的水分讓吐司軟掉。

份數
1人
成本
$15
器具
烤箱
重點食材
雞蛋
購買點
超市

起司雲朵蛋吐司

雲朵蛋就是利用蛋白硬性發泡的原理，形成可愛的造型。烤過的蛋白，會有一種外面微脆、裡面像棉花糖的口感，不僅造型很有特色，口感也獨一無二。

Woody Tips

義式香料、胡椒與起司粉，是為了蓋過蛋白的味道，可以依喜好增加，但不建議減少。

（材料）

吐司 … 1 片
美乃滋 … 1 茶匙
番茄醬 … 1 茶匙
雞蛋 … 1 顆
黑胡椒 … 1g
起司粉 … 1 茶匙
義式香料 … 1g

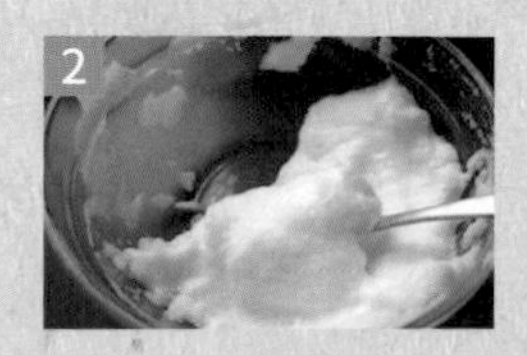
2

（作法）

1. 將吐司抹上美乃滋與番茄醬，備用。
2. 將蛋黃與蛋白分開，蛋白打入碗中，用叉子打至硬性發泡（大約會花 10 分鐘）。
3. 作法 2 放到作法 1 吐司上，中間留一個凹槽放蛋黃。
4. 將烤箱預熱 150℃，放入作法 3 烤 3 分鐘，取出放上蛋黃，再烤 3 分鐘。
5. 作法 4 盛盤後，撒上黑胡椒、起司粉與義式香料，即完成。

韓風紙盒三明治

份數 1人 | 成本 $92

器具 平底鍋

重點食材 牛肉片

購買點 超市

Woody Tips

山形吐司比較長，比起一般吐司，可以堆放更多的料。

這道料理的靈感來自於韓國的網紅吐司，因為料塞得十分滿，所以用紙盒會比紙袋方便。同時也因為新奇的造型，變成了大家喜愛的打卡美食。

（材料）

山形吐司 … 2 片
雞蛋 … 2 顆
牛奶 … 1 大匙
鹽巴 … 1/4 茶匙
奶油 … 10g
牛肉片 … 200g
糖 … 1 茶匙
醬油 … 1 大匙
美乃滋 … 1/2 茶匙

（作法）

1. 取一小碗，將雞蛋與牛奶混合，打散後加入鹽巴拌勻。
2. 熱鍋，放入奶油，轉小火至融化，倒入作法❶的蛋液，待凝固後，將蛋不斷往中間撥。
3. 待作法❷快熟的時候，倒出備用。
4. 熱鍋，將牛肉片入鍋，撒上糖，以小火煎至兩面上色，再倒入醬油煮至入味。
5. 烤箱預熱 200℃，吐司放入烤 7 分鐘，取出切對半。
6. 作法❺吐司放到紙盒中，一個放入炒蛋、一個放牛肉，最後淋上美乃滋即完成。

份數 1人 | 成本 $44

器具
平底鍋

重點食材
雞胸肉

購買點
傳統市場

雞肉親子三明治

親子的意思就是雞肉與雞蛋的組合。雞胸肉用鹽水處理過，吃起來十分軟嫩，成本上也比雞腿便宜。做成照燒風味的雞胸肉容易吸收醬汁，若不擅長處理雞胸肉，也可改用這個簡單的方法。

Woody Tips

盡量讓食材都鋪在吐司中間，不然壓的時候容易散開。

（材料）

吐司 … 3 片
高麗菜 … 70g
番茄 … 100g
雞蛋 … 1 顆
雞胸肉 … 150g
美乃滋 … 1 大匙

調味

醬油 … 1 茶匙
味醂 … 1 茶匙
酒 … 1 茶匙

（作法）

1. 將高麗菜洗淨，切成細絲狀；番茄洗淨切成片狀，備用。
2. 起油鍋，將雞蛋煎至半熟，備用。
3. 雞胸以鹽水浸泡，再洗去鹽分，對切但不切斷。
4. 熱鍋，以中火將作法 3 雞胸肉煎至兩面上色，加入調味材料煮至入味。

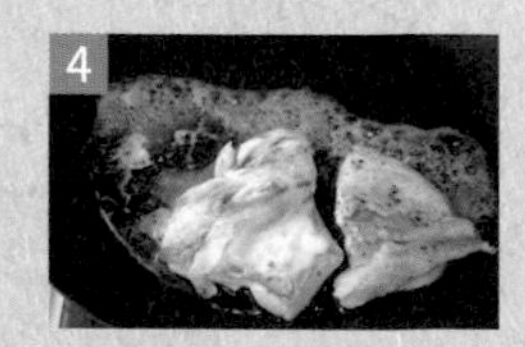

5. 吐司抹上美乃滋，一層疊上高麗菜絲與雞胸肉，第二層疊上番茄與煎蛋，壓一下，定型後切對半。

（材料）

熱狗堡 … 1 個
美乃滋 … 1 茶匙
義式肉丸 … 3 顆
九層塔 … 1 片
起司絲 … 50g
義式香料 … 少許

（作法）

1. 將熱狗堡內側均勻抹上美乃滋，放上義式肉丸與醬汁，撒上九層塔與起司絲。
2. 將烤箱預熱 200℃，作法❶放入烤約 10 分鐘。
3. 作法❷盛盤後，撒上少許義式香料作裝飾，即完成。

熱狗堡可以用漢堡或吐司替代；肉丸的製作可以參考 P.194 的作法。

份數 1人 | 成本 $50

器具 烤箱

重點食材 肉丸

購買點 超市

入味的肉丸搭配烤過的起司，就是最經典的美式風味。番茄醬汁跟起司一同入口，散發出一種很像披薩的香味。大口咬下的肉丸，就是讓人有大大的滿足感。

義式肉丸起司堡

份數
1人 | $81

器具
平底鍋

重點食材
熱狗、絞肉

購買點
超市

肉醬熱狗三明治

肉醬裡面加了許多不同的香料，肉桂粉與孜然粉讓這道菜偏向墨西哥風味。加入起司後，味道更是濃郁。這是一道罪惡感會隨著美味程度一起上升的料理。

Woody Tips

起司與番茄醬本身都帶有鹹味，不建議再加鹽巴調味，以免口味過鹹。

（材料）

熱狗堡 … 1 個
洋蔥 … 30g
番茄 … 70g
豬絞肉 … 150g
番茄醬 … 2 大匙
起司絲（或奶油乳酪）… 40g
起司粉 … 1 茶匙
熱狗 … 1 根

調味

孜然粉 … 1/2 茶匙
蒜粉 … 1/2 茶匙
紅椒粉 … 1/2 茶匙
肉桂粉 … 1/4 茶匙

（作法）

1. 洋蔥與番茄切成丁狀，備用。
2. 起油鍋，將洋蔥爆香，再放入番茄炒至產生香氣。
3. 作法2放入豬絞肉炒至熟，再以孜然粉、蒜粉、紅椒粉和肉桂粉調味。
4. 作法3加入番茄醬拌炒，加入起司絲，攪拌均勻至融化。
5. 將熱狗煎熟備用，熱狗堡放上熱狗，淋上作法4肉醬，撒上起司粉，即完成。

芋泥肉鬆三明治

份數 1人 | 成本 $60

器具
電鍋

重點食材
芋頭

購買點
傳統市場

Woody Tips

在傳統市場購買芋頭可以請老闆幫忙去皮，處理上較方便；芋頭比較不容易蒸透，所以出鍋時要檢查一下中心，是否能以筷子輕鬆穿透。

芋泥不會有太強烈的味道，搭配甜食或鹹食都很適合，滿滿的芋泥也讓肉鬆的口感不會那麼乾。雖然芋泥一次要做的量不能太少，但拿來搭配起司或貝果也很適合，加入牛奶調整就變成芋頭牛奶囉！

（材料）

吐司 … 3 片
美乃滋 … 1 大匙
肉鬆 … 40g

芋泥（4 份對切吐司的量）

芋頭 … 600g
奶油 … 20g
鮮奶油 … 50c.c
椰奶 … 100c.c
糖 … 50g
煉乳 … 2 大匙

（作法）

1. 芋頭切成塊狀，放入電鍋蒸約 40 分鐘，至熟透。
2. 作法 1 趁熱加入奶油、鮮奶油、椰奶、糖與煉乳攪拌均勻，搗成泥狀備用。 可用鮮奶油調整濃稠度。
3. 將吐司抹上美乃滋，放上肉鬆，另一片抹上一層厚厚的芋泥，疊起來壓緊後對切，即完成。

2-1

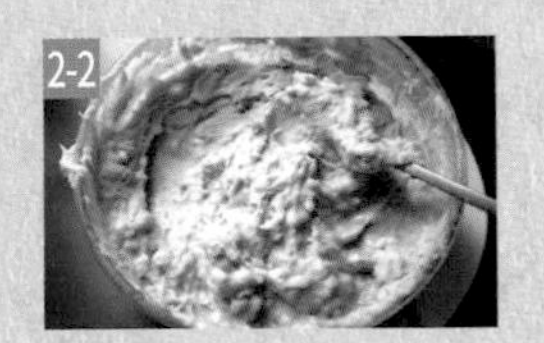
2-2

份數：1~2人｜成本：$80｜器具：平底鍋

重點食材：五花肉片｜購買點：超市

薑燒豬肉米漢堡

五花肉的優點是油脂豐富，吃起來不容易老。利用薑的清爽度去平衡油膩的感覺，十分開胃。薑汁燒肉原本是日式定食常出現的料理，做成米漢堡，早晨趕時間出門時，方便攜帶又快速。

（材料）

五花肉片 … 300g
高麗菜 … 50g
美乃滋 … 1 茶匙

醃肉料

洋蔥 … 50g
薑 … 30g
醬油 … 1 大匙
酒 … 1 大匙
味醂 … 1 大匙
糖 … 1 茶匙

米漢堡料

白飯 … 300g
醬油 … 1 大匙

（作法）

1. 洋蔥切成絲狀；薑削去皮剁成薑末或磨成泥狀；高麗菜洗淨，切成絲，備用。
2. 取一大碗，將醃肉料材料混合均勻，放入五花肉片醃製。
3. 白飯加入醬油，攪拌均勻，用模具壓成圓餅狀，備用。
4. 熱鍋，將作法❷醃好的肉，以中火炒至全熟。
5. 將作法❸壓成圓餅狀的飯，以小火兩面煎至上色。
6. 作法❺盛盤後，依序放上洗淨的高麗菜、作法❹的燒肉、淋上美乃滋，再蓋上另一面米漢堡，即完成。

白飯跟醬油要拌出一點點沾黏的感覺，下鍋煎的時候才不容易散開。

份數	成本	器具
1人	$71	平底鍋

重點食材	購買點
燉豆、蘑菇	超市

英式傳統早餐

英式早餐的特點就是燉豆子、水波蛋跟烤番茄。燉豆子的罐頭在超市很常見，價格便宜、分量也多，是不錯的早餐食材。烤過的番茄吃起來更甜、也更多汁。搭配一杯咖啡，感覺更有英國紳士的樣貌了。

（材料）

番茄 … 150g
熱狗 … 2 根
蘑菇 … 50g
義式香料 … 1/2 茶匙
吐司 … 1 片
雞蛋 … 1 顆
燉豆罐頭 … 100g
水 … 1 大匙
番茄醬 … 1/2 茶匙

Woody Tips

熱狗可改用培根替代；水波蛋需要一些時間練習，若怕失敗，也可改成炒蛋或是煎荷包蛋。

（作法）

1. 番茄切對半，與熱狗一起用平底鍋轉小火烤上色，備用。
2. 蘑菇切成片狀，起油鍋，將蘑菇炒熟，撒上義式香料調味。
3. 烤箱預熱 200℃，將吐司放入烤箱烤約 7 分鐘，備用。
4. 起一湯鍋，倒入 1000c.c 水（分量外）至煮滾，攪拌至鍋中出現明顯漩渦，打入雞蛋，轉小火靜置煮 3 分鐘，盛盤備用。
5. 熱鍋，倒入燉豆罐頭，加入 1 大匙水與番茄醬煮滾成醬料，備用。
6. 取一圓盤，依照喜好將所有食材盛盤，即可享用。

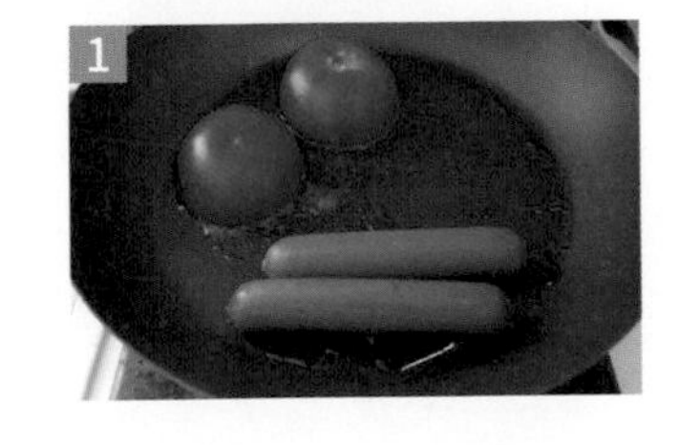

好時光大早餐

份數 1人 | 成本 $85 | 器具 平底鍋

重點食材 漢堡肉 | 購買點 超市

超市的冷凍區域有很多半成品的材料，比起從零開始做，用半成品也能節省許多時間。這次採用漢堡肉搭配鬆餅粉做成的鬆餅，這些材料大概使用 2 次就可以用完，對單身的人或小家庭來說，不用煩惱材料該如何消耗。

（材料）

漢堡肉 … 2 片
奶油 … 1g
蜂蜜 … 1 大匙

鬆餅

鬆餅粉 … 100g
牛奶 … 40c.c
雞蛋 … 1 顆

炒蛋

雞蛋 … 2 顆
牛奶 … 1 大匙
鹽巴 … 1/4 茶匙

Breakfast time

（作法）

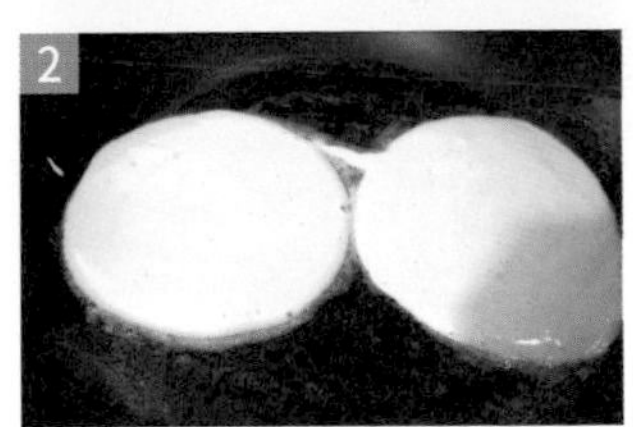

❶ 取一大盆，將鬆餅粉、牛奶、雞蛋混合均勻成麵糊。

❷ 熱鍋，以小火將作法❶倒入，將兩面各煎 1 分半至表面呈金黃色，盛盤備用。

❸ 將雞蛋加入牛奶均勻打散成蛋液，另起油鍋，倒入蛋液以小火翻炒至凝固。

❹ 熱油鍋，轉中火將漢堡肉一面煎 3 分鐘，翻面再將另一面煎熟，盛盤備用。

❺ 取一圓盤，放上漢堡肉、鬆餅、炒蛋，再放上奶油、淋上蜂蜜，即完成。

用不完的漢堡肉可以捏成肉丸，冷凍備用，當成其他料理的材料。

（材料）

吐司 … 1 片
培根 … 40g
蘑菇 … 60g
雞蛋 … 2 顆
奶油 … 20g
鹽巴 … 1/4 茶匙
黑胡椒 … 1g
義式香料 … 1g

雞蛋攪拌時一定要注意熟度，也要小心鍋底不要沾黏；若覺得加熱速度太快，就盡早離火，鍋子的餘溫還會持續加熱。

（作法）

❶ 冷鍋下培根，轉小火煎至培根焦脆，盛盤備用。

❷ 用培根的油，轉小火將蘑菇煎至兩面呈金黃色，備用。

❸ 取一深鍋，將雞蛋與奶油放入鍋中，轉小火開始攪拌，待雞蛋開始凝固後，離火攪拌 15 秒，再返回火上攪拌 15 秒。

❹ 重複作法❸，直到炒蛋炒至喜歡的熟度。

❺ 將作法❹用鹽巴、黑胡椒、義式香料調味，將培根、蘑菇與吐司盛盤，炒蛋淋至吐司上，即完成。

2

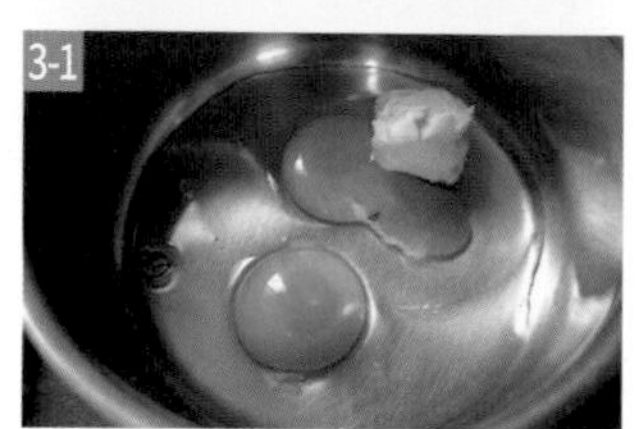
3-1

3-2

完美男友炒蛋早餐

份數	成本	器具
1人	$33	平底鍋

重點食材	購買點
雞蛋、蘑菇	超市

這個炒蛋的命名跟作法來自於外國名廚 Gordan Ramsey，與平常看到的炒蛋形狀不同。這款炒蛋更像是濃郁的醬汁，跟著吐司一同入口的香滑口感，顛覆我對於炒蛋的認知。配上多汁的煎蘑菇與培根，美味到讓女友吃到落淚的完美男友早餐。

饒舌歌手的宵夜

這個是椒麻雞絲與麻醬涼麵，搭配三合一味噌湯的組合。對整夜有活動的饒舌歌手或是夜貓族年輕人來說，早上吃的涼麵跟味噌湯不是早餐，而是回家睡覺前的宵夜。涼麵清爽無負擔，味噌湯則可解膩又暖胃，不論是當成早餐或宵夜，都是最佳選擇。

（材料）

雞絲麻醬涼麵

小黃瓜 … 30g
紅蘿蔔 … 30g
油麵 … 200g
雞胸肉 … 200g
香油 … 1 大匙
花椒粒 … 2g

麻醬

芝麻醬 … 1 大匙
花生醬 … 1 大匙
水 … 2 大匙
醬油 … 1 大匙
香油 … 1 茶匙
麻油 … 1 茶匙
糖 … 1/2 茶匙
烏醋 … 1 茶匙

三合一味噌湯

豆腐 … 100g
蔥花 … 50g
市售高湯或水 … 500c.c
貢丸 … 3 顆
味噌 … 1 大匙
雞蛋 … 1 顆

（作法）

雞絲麻醬涼麵

1. 小黃瓜與紅蘿蔔切成絲狀，備用。
2. 油麵以熱水沖去多餘油脂，浸泡 30 秒，再用冷水沖涼後，淋上香油備用。
3. 取一碗，將芝麻醬與花生醬加水混合均勻，再加入麻醬其他的材料拌勻。
4. 取一湯鍋，將雞胸肉放入熱水中煮 10 分鐘，關火燜 20 分鐘，取出撕成雞絲備用。
5. 取一大碗，放入作法❷油麵，再放上作法❶、雞絲與花椒粒，最後淋上麻醬即完成。

三合一味噌湯

1. 豆腐切成丁狀、蔥切成蔥花，備用。
2. 取一湯鍋，將高湯煮滾，加入貢丸、豆腐丁，再次煮滾後，轉小火加入味噌。
3. 將蛋打入碗中，打成蛋花，趁作法❷味噌湯熱時倒入。最後撒上蔥花裝飾，即完成。

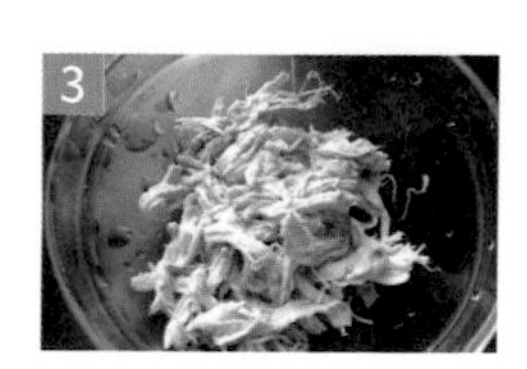

▶雞胸肉、油麵、貢丸等食材，傳統市場比較容易找到，購買分量與預算也較好掌握。

▶雞胸肉煮久容易乾柴，因此燜的步驟十分重要，也可以先將雞胸肉浸泡鹽水，再烹煮。

Chapter 2

一碗就滿足的飯類

Enjoy tasty food everyday!

丼飯、蓋飯、燉飯

還有偷吃步的咖哩飯

份數 2人 | 成本 $95 | 器具 烤箱

重點食材 雞腿 | 購買點 超市

美式醬烤雞腿蓋飯

自己在家做美式烤雞的優點，就是能夠一次準備一大份，事前冰在冰箱備用。而美式烤雞的醃料，不像中式醬料會加醬油，所以醃製時間久了也不會太鹹。烤雞時留下的湯汁，還可拿來煮醬、配麵包、淋在飯上，相當萬能。

(材料)

去骨雞腿肉 … 1 隻
白飯 … 200g
生菜 … 20g
檸檬 … 1/2 顆
番茄 … 20g
巴西里 … 少許

雞腿醃料

番茄醬 … 1 大匙
酒 … 1 大匙
紅椒粉 … 1 茶匙
蒜粉 … 1/2 茶匙
義式香料 … 1 茶匙
黑胡椒 … 1/2 茶匙
鹽巴 … 1/2 茶匙
糖 … 1 茶匙

(作法)

1. 雞腿與雞腿醃料混合放入一大碗中，拌勻。
2. 將作法❶抓勻，醃製 2 小時以上，建議放隔夜冷藏風味更佳。
3. 烤箱預熱 220℃，將作法❷的雞腿放在鐵架上，烤 25 分鐘。
4. 作法❸烤好的雞腿切成塊狀，備用。
5. 將煮好的白飯盛入碗中，淋上烤雞腿時留下的湯汁。
6. 最後在作法❺放上雞腿、生菜、檸檬、番茄，撒上巴西里裝飾，即完成。

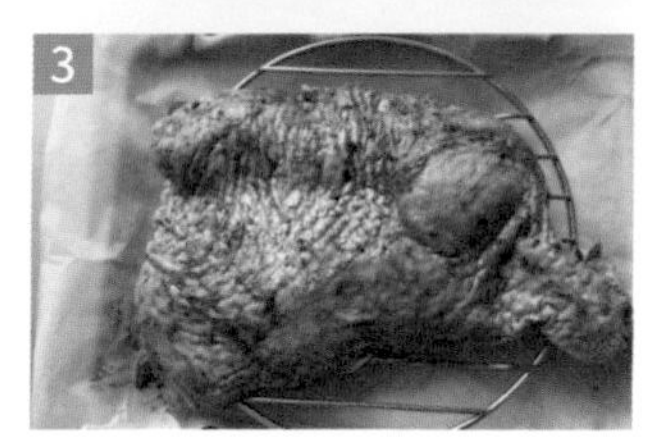

放置於鐵架上，可以幫助順利收集雞汁，雞腿的底部不會濕掉，烤出來的雞腿也不會太過油膩。

（材料）

去骨雞腿肉 … 500g
蔥 … 50g
高麗菜 … 50g
小黃瓜 … 30g
雞蛋 … 1 顆
白飯 … 200g
泡菜 … 30g
黑胡椒 … 1g
鹽巴 … 1g

醬料

醬油 … 40c.c
酒 … 1 大匙
糖 … 1 茶匙
麻油 … 1 茶匙
味醂 … 1 大匙
豆瓣醬 … 1 茶匙

Woody Tips

烤雞肉也可不用串起來，直接入烤箱烤也可以，或是改用平底鍋炒也沒問題；雞肉記得不能醃太久，以免過鹹。

（作法）

❶ 雞腿肉切成塊狀、蔥切段、高麗菜切細絲；小黃瓜切成片狀，備用。

❷ 將蔥段跟雞腿肉以間隔的方式串在一起，撒上黑胡椒與鹽巴調味。

❸ 取一小碗，放入醬油、酒、糖、麻油、味醂、豆瓣醬，混合均勻。

❹ 將作法❸的醬料倒在雞肉上，醃製 10 分鐘。

❺ 烤箱預熱 220℃，將作法❹雞腿肉串放入烤箱，烤 12 分鐘。

❻ 取一湯鍋，放入雞蛋以滾水煮 6 分半，起鍋放置冷卻，切成對半。

❼ 將煮好的白飯盛入碗中，放上高麗菜絲、小黃瓜、泡菜，放上溏心蛋與烤雞肉串，即完成。

日式串燒雞肉丼

份數	成本	器具
2人	$84	烤箱

重點食材	購買點
雞腿肉	傳統市場

烤雞肉串是日式料理中很經典的菜色，放在飯上、淋上烤雞的醬汁，就是重口味的美味丼飯。搭配溏心蛋跟爽口的泡菜，看起來澎派，吃起來也十分具有飽足感。

泰式煎雞蛋蓋飯

煎雞蛋蓋飯是泰國街頭或小餐館很常見的料理。基本上就是烘蛋，但是裡面會加入雞胸、蝦仁、牛肉等食材，再用魚露調味，而以魚露調味做成的烘蛋，有濃濃的鹹香味，搭配番茄醬吃起來相當爽口下飯。

（材料）

小黃瓜 … 1 根
雞胸肉 … 100g
雞蛋 … 2 顆
魚露 … 1 茶匙
雞肉香腸 … 2 根
油 … 1 大匙
白飯 … 250g
番茄醬 … 1 大匙

Woody Tips

煎雞蛋的油不能少於 1 大匙，否則會容易讓烘蛋太乾，並減少香氣。

（作法）

❶ 小黃瓜洗淨，用波浪削皮刀去皮後，切成片狀，備用。

❷ 雞胸肉切成丁狀，起油鍋，放入雞胸肉炒熟，起鍋備用。

❸ 將雞蛋打散成蛋液，加入作法❷的雞胸肉與魚露拌勻。

❹ 雞肉香腸用刀劃出紋路，熱鍋，放入鍋中煎熟，起鍋備用。

❺ 熱鍋，放入 1 大匙油，倒入作法❸蛋液，以中火將兩面煎熟。

❻ 取一大碗放入白飯、作法❺的烘蛋，擠上番茄醬，放上小黃瓜與雞肉腸，即完成。

雙色雞肉咖哩飯

份數	成本	器具
3人	$152	平底鍋

重點食材	購買點
綠咖哩、黃咖哩	東南亞商店

黃咖哩跟綠咖哩的差別，在於綠咖哩使用綠辣椒製成，而黃咖哩則使用香料製成，烹煮過後的香氣跟味道大不相同。我採用接近相同的方式烹煮黃、綠兩款咖哩，步驟不會太繁瑣，可以同時享受綠咖哩的香辣與黃咖哩的濃郁。

（材料）

綠咖哩

綠咖哩 … 1 大匙
椰漿 … 200c.c
市售高湯 … 200c.c
去骨雞腿肉 … 200g
魚露 … 2 大匙
糖 … 1 茶匙
巴西里 … 少許

黃咖哩

黃咖哩粉 … 2 大匙
椰漿 … 200c.c
市售高湯 … 200c.c
洋蔥 … 100g
馬鈴薯 … 200g
魚露 … 2 大匙
糖 … 1 茶匙
起司粉…1 茶匙
白飯 … 300g

Woody Tips

因為黃咖哩是粉狀，炒的時候特別注意火候要保持最小火，以避免燒焦。如果火候來不及控制，可以加入少許油量幫助降溫。

（作法）

綠咖哩

1. 取一小湯鍋，倒入少許油，加入綠咖哩醬，炒至產生香氣。
2. 加入椰漿拌勻，再加入高湯煮滾。
3. 作法❷放入切成塊狀的雞腿肉煮熟，再用魚露、糖調味。

1. 另起一小湯鍋，倒入少許油，加入黃咖哩粉，炒至產生香氣。
2. 加入椰漿拌勻，再加入高湯煮滾。
3. 洋蔥切成丁狀、馬鈴薯切成塊狀，備用。
4. 作法❷放入作法❸，燉煮 10 分鐘至馬鈴薯軟化，再用魚露、糖調味。
5. 盤中先放入白飯，左右分別盛上綠、黃咖哩，撒上少許巴西里裝飾白飯、起司粉裝飾黃咖哩，即完成。

份數 2人 | 成本 $100 | 器具 平底鍋、烤箱

重點食材 咖哩塊、起司絲 | 購買點 超市

咖哩雞肉起司焗飯

咖哩塊是很方便的食材，可以輕鬆地調出美味的醬汁，也可依照喜好混合不同種類的咖哩塊，創造自己獨特的版本。咖哩很適合剛開始做菜的人，容易成功，再加上可以延伸出飯、麵、湯等變化，實用度很高。

(材料)

紅蘿蔔 … 80g
洋蔥 … 60g
雞胸肉 … 300g
咖哩塊 … 2 塊（約 40g）
水 … 350c.c
起司絲 … 60g
白飯 … 400g

咖哩塊轉小火攪拌比較容易均勻散開。先加 2 大匙醬汁是為了讓飯入味，避免上下層吃起來味道差太多。

(作法)

❶ 紅蘿蔔去皮洗淨，與洋蔥、雞胸肉一起切成丁狀，備用。

❷ 起油鍋，放入洋蔥爆香後，加入紅蘿蔔、雞胸肉拌炒上色，加入水，把食材煮熟。

❸ 作法❷轉至小火，加入咖哩塊攪拌均勻成醬汁。

❹ 取作法❸的 2 大匙醬汁，與白飯拌勻，再鋪上剩下的醬料，撒上起司絲。

❺ 烤箱預熱 200℃，將作法❹放入烤箱烤約 10 分鐘，即完成。

2

3

4

（材料）

麻油雞拼松阪肉

薑 … 20g
麻油 … 2 大匙
去骨雞腿肉 … 600g
米酒 … 200c.c
市售高湯或水 … 400c.c
醬油 … 2 大匙
松阪肉 … 300g
枸杞 … 20g

麻油雞酒香米糕

糯米 … 160g
蝦米 … 20g
乾香菇 … 50g
去骨雞腿肉 … 100g
醬油 … 2 大匙
蠔油 … 1 大匙
米酒 … 1 大匙
糖 … 1 大匙
麻油雞的料 … 約 300g
香菜 … 少許

Woody Tips

煸炒過的薑是香氣來源，但要小心不要燒焦；松阪肉久煮容易老，所以要最後才下。

（作法）

麻油雞拼松阪肉

❶ 雞腿肉切塊、薑切成薄片、松阪肉切片，備用。

❷ 麻油與薑片入鍋，以冷鍋小火煸出香氣。薑片捲曲後，加入雞腿肉塊拌炒上色。

❸ 作法❷加入米酒、高湯、醬油，燉煮到酒精揮發（約 10 分鐘），再加入松阪肉與枸杞煮熟，即完成。

酒香麻油雞米糕

❶ 糯米加入 80c.c 的水，泡一個晚上。

❷ 將作法❶放入電鍋，大約蒸 20 分鐘，至糯米熟透。

❸ 熱鍋，放入蝦米炒至產生香氣，再加入乾香菇與雞腿肉塊，用醬油、蠔油、米酒、糖煮至入味。

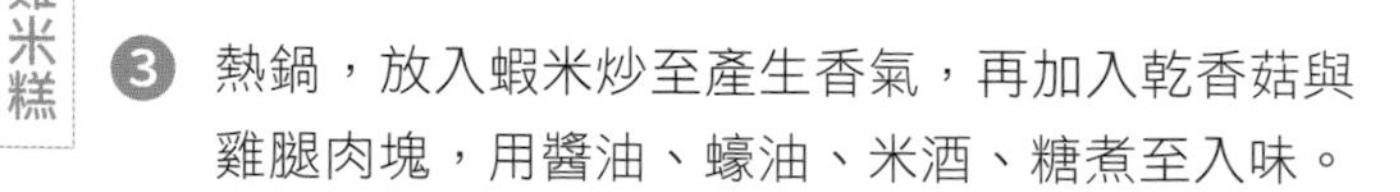

❹ 將完成的作法❸與作法❷糯米拌勻，再放上麻油雞肉、松阪肉與枸杞。

❺ 作法❹放入電鍋中，大約蒸 10 分鐘，盛盤後放上香菜裝飾，即完成。

麻油雞米糕拼松阪豬

份數	成本	器具
3人	$450	湯鍋、電鍋

重點食材	購買點
雞腿肉、松阪肉	傳統市場

麻油雞與米糕這兩種料理，通常分量較多，不會是小家庭下廚時的主要選擇，容易吃不完。這次我以麻油雞當作基底材料，做出來的麻油米糕、燉飯，會是剛剛好的 2 到 3 人份，不僅量不會太多，更不容易剩餘。

麻油雞燉飯

麻油雞的湯汁是已經調味過的美味湯頭，所以十分適合拿來煮燉飯，除了不需要過多調味外，燉飯還會帶有麻油雞的特殊酒香，是風味很新奇特別的一道菜。

（材料）

薑 … 20g
麻油 … 1 大匙
米 … 160g
米酒 … 1 大匙
麻油雞湯 … 400c.c
水 … 400c.c
麻油雞的料 … 100g
枸杞 … 少許
香菜 … 少許

（作法）

❶ 麻油雞湯與水混合成高湯，薑切成薄片，備用。

❷ 取一平底鍋，放入麻油與薑片，以小火煸香，待薑片捲曲後盛盤備用。

2

❸ 於作法❷的鍋中，倒入米、加入米酒，翻炒均匀。

❹ 每次以 50c.c 為單位，於作法❸中加入高湯，待米飯差不多吸乾水分後再加入高湯。

❺ 重複作法❹至高湯用完，米芯熟透。起鍋盛盤，放上作法❷的薑片、麻油雞的料，以枸杞和香菜作裝飾，即完成。

份數 2人 | 成本 $83 | 器具 平底鍋

重點食材 起司 | 購買點 超市

起司燉飯

起司燉飯是基本的燉飯料理，需要細心跟火候的掌握，主要的味道來自各種不同類型的起司，起司絲增加稠度、奶油乳酪增加濃郁滑順的口感，起司粉則是增添香氣，雖然外觀平淡，但口感與味道都很有層次。

（材料）

市售高湯 … 1000c.c
洋蔥 … 20g
鹽巴 … 1/4 茶匙
白酒 … 20c.c
米 … 160g
起司絲 … 50g
奶油乳酪 … 2 大匙
起司粉 … 1 茶匙
義式香料 … 少許

Woody Tips

高湯必須全程保持滾水的狀態，在米飯接近快乾的時候加水，所以要特別留意不要過乾或燒焦。

（作法）

1. 取一湯鍋，倒入高湯煮滾後轉小火，保持水滾狀態。
2. 洋蔥成切末狀，另起油鍋，以小火炒香洋蔥，加入鹽巴調味，再倒入米翻炒均勻，加入白酒，煮到散發香氣。
3. 每次以 50c.c 為單位，於作法❷中加入作法❶的高湯。
4. 將作法❸轉中火，煮到湯汁被米飯吸收。
5. 重複作法❸與❹，直到高湯用完、米芯熟透。
6. 作法❺加入起司絲與奶油乳酪，拌煮至融化，即可起鍋盛盤。最後用起司粉與義式香料裝飾，即完成。

紅咖哩豬肉蛋飯

紅咖哩味道強烈、口感濃郁，雖然醬汁濃稠下飯，但熱量卻意外的不高。增添濃稠口感的椰漿熱量也很低，加上紅咖哩選用的肉類大多是雞胸等油脂含量較低的肉類，是道風味濃郁但負擔很低的料理。

（材料）

豬後腿肉 … 300g
油 … 2 大匙
紅咖哩 … 2 大匙
椰漿 … 400c.c
水 … 250c.c
檸檬葉 … 5 片
鴻喜菇 … 120g
魚露 … 1 又 1/2 大匙
糖 … 2 茶匙
白飯 … 200g
煎蛋 … 1 顆

Woody Tips

▶ 調味可以依照喜好調整，喜歡濃郁的增加椰漿，喜歡口感滑順的可以再加水或高湯。

▶ 肉類盡量選擇偏瘦跟沒有油花的為主，這道料理若用較油的肉吃起來容易膩。

（作法）

❶ 豬後腿肉切成薄片，切越薄越能幫助入味。

❷ 鍋中加入 2 大匙油，轉小火拌炒紅咖哩，炒至將油吸入。

2

❸ 作法❷加入一半的椰漿拌炒，煮到變成深橘色後（大約 3 分鐘），再加入剩下的椰漿跟水。

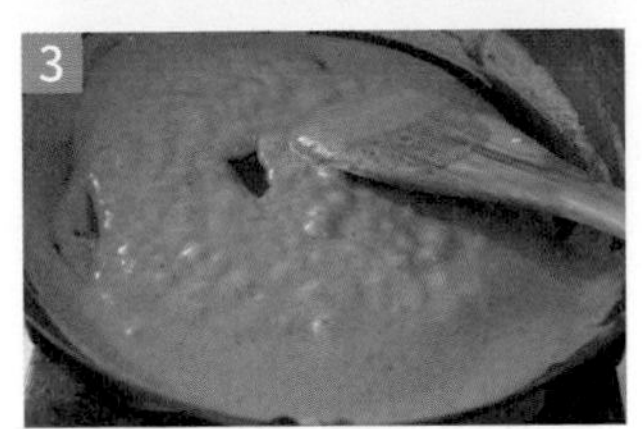
3

❹ 作法❸加入檸檬葉，繼續煮至散發香氣。

❺ 作法❹放入作法❶的肉片煮熟，加入鴻喜菇，再次煮滾。最後加入魚露與糖調味。

5

❻ 將煮好的白飯盛盤，依個人喜好放上煎蛋、淋上紅咖哩，即完成。

打拋豬肉飯

份數	成本	器具
2人	$105	平底鍋

重點食材	購買點
豬絞肉、九層塔	傳統市場

泰式正統的打拋豬用是用打拋葉，但在台灣比較難取得，因此普遍用九層塔代替。我在泰國實習時，打拋豬不會加入酒類去腥，去除腥味的方法來自於大火快炒跟魚露的香氣。這道菜相當簡單，要做出好味道就是靠大火不斷翻炒了。

（材料）

蒜頭 … 10g
辣椒…10g
豬絞肉 … 300g
醬油 … 1 大匙
蠔油 … 1 大匙
魚露 … 1 茶匙
糖 … 3 ～ 5g
九層塔 … 50g
檸檬汁 … 1/4 顆
煎蛋 … 1 顆
白飯 … 300g

（作法）

1. 蒜頭與辣椒切成細末狀，備用。
2. 起油鍋，爆香蒜頭與辣椒，再加入豬絞肉拌炒至上色。
3. 作法❷加入醬油、蠔油、魚露、糖調味，再加入九層塔拌炒均勻。
4. 作法❸起鍋前，擠上適量檸檬汁，
5. 將白飯盛飯，依個人喜好搭配煎蛋與檸檬一起享用。

▶調味不適合一次調太鹹，起鍋前的檸檬汁所產生的酸味，會大幅提升鹹度，要特別留意。

▶全程保持大火可以提升香氣，盛盤時能聞到滿滿香氣就代表成功了。

（材料）

紅蘿蔔 … 100g
木耳 … 80g
香菇 … 80g
小黃瓜 … 90g
櫛瓜 … 250g
五花肉 … 200g
豆芽菜 … 60g
醬油 … 1 大匙
糖 … 1 茶匙
黑胡椒 … 2g
雞蛋 … 1 顆
白飯…300g
拌飯醬汁 … 3 大匙
（拌飯醬汁作法參考 p.091）
泡菜 … 30g

Woody Tips

▶ 去傳統市場採購蔬菜較划算，種類多樣，分量也好掌控，卻不會超出預算。

▶ 炒蔬菜時，先從不會染色跟水分少的優先，例如香菇。容易染色的蔬菜放最後，例如紅蘿蔔。

（作法）

❶ 紅蘿蔔去皮洗淨，切絲；木耳、香菇與小黃瓜切絲，備用。

❷ 櫛瓜切成片狀、五花肉切絲，備用。

❸ 起油鍋，依照順序將香菇、木耳、豆芽菜、櫛瓜、紅蘿蔔炒熟，盛盤備用。

❹ 起油鍋，將五花肉炒至變色後，以醬油、糖、黑胡椒調味。

❺ 再以作法❹的鍋子，打入雞蛋，煎熟備用。

❻ 取一大碗，鋪上白飯，放上作法❺的雞蛋，淋上拌飯醬汁，再整齊地放上剛剛炒好的所有蔬菜、肉絲、小黃瓜與泡菜，即完成。

3

4

份數	成本	器具
2人	$144	平底鍋

重點食材	購買點
各種蔬菜	傳統市場

豪華韓式拌飯

韓式拌飯的優點是搭配了大量蔬菜，能一次體驗到各種不同口感。主要常見的配菜是小黃瓜、香菇、紅蘿蔔、豆芽菜、櫛瓜等，也可以依照季節更換，有些人則會利用各種剩菜做組合，是清冰箱時的好選擇。

韓式烤五花肉蓋飯

韓式的烤五花肉是整條放在鐵板烤，看起來十分震撼！焦脆的外皮配上爽口泡菜與生菜，完美解除五花肉的油膩感。我把相同的生菜、泡菜、五花肉放到蓋飯上，配上萬用的拌飯醬汁，可以享受到清爽卻能大口吃肉的暢快感。

（材料）

小黃瓜 … 100g
五花肉…300g
白飯 … 200g
泡菜 … 50g
生菜（萵苣）… 50g

拌飯醬汁

韓式辣醬 … 2 大匙
醬油 … 1 大匙
雪碧 … 1 大匙
糖 … 2 茶匙
芝麻 … 1 茶匙

Woody Tips

▶ 此配方的醬汁在配烤肉的同時，也可以用來拌飯，不用擔心用不完。

▶ 煎五花肉的時候一定要少放油，讓五花肉自己逼出油分，慢慢煎到焦脆，才不會太油膩。

（作法）

1. 將拌飯醬汁的材料放入一小碗中，混合均勻備用；小黃瓜切成絲狀，備用。
2. 熱鍋，加入極少量的油（約 1/2 茶匙），以小火煎五花肉，2 面各煎 3 分鐘，待外表上色、表皮焦脆後，即可盛盤。
3. 取一大碗，鋪上白飯，放上作法❷的五花肉、小黃瓜、泡菜與生菜。
4. 最後將五花肉刷上作法❶調好的醬汁，即完成。

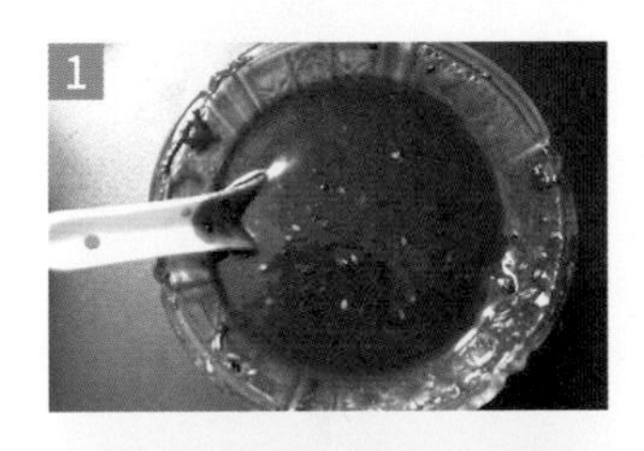
1

2-1

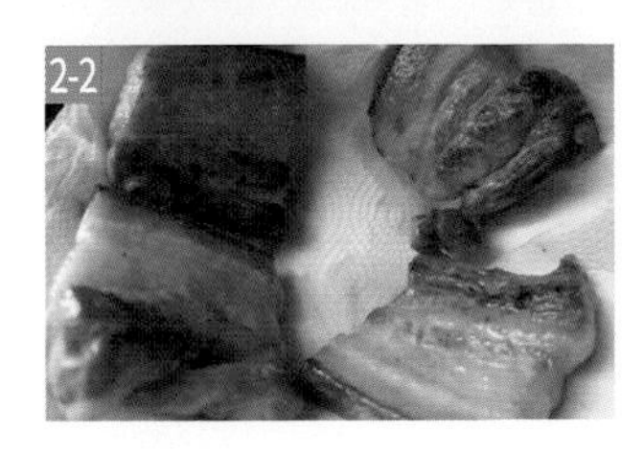
2-2

味噌肉三色飯

炒熟的雞蛋、燙熟的菜豆、炒過的味噌肉，同時享用有著不同的香氣跟口感，融合在一起很有層次。這些食材也很適合帶便當，整齊地擺放成三等份，看起來十分的美觀療癒。

（材料）

菜豆 … 50g
雞蛋 … 2 顆
豬絞肉 … 300g
白飯 … 200g
味噌 … 1 大匙
糖 … 1 大匙
醬油 … 1 大匙
番茄醬 … 1 大匙
水 … 50c.c

（作法）

❶ 菜豆切成碎丁狀，用熱水燙熟備用；雞蛋均勻打散成蛋液，備用。

❷ 起油鍋，將作法❶蛋液用小火炒，不斷翻動，炒成碎末狀，起鍋備用。

❸ 起油鍋，將豬絞肉以中火拌炒，翻炒至變色。接著加入味噌、糖、醬油、番茄醬、水，煮至上色入味。

❹ 取一大碗，鋪上白飯，放上菜豆、蛋末、味噌肉，即完成。

▶ 味噌肉是整碗飯的味道來源，可以依照個人口味喜好，去調整調味料的鹹淡與清爽度。

▶ 菜豆可改用四季豆、豌豆替代，以方便購得的為主。

迷迭香烤魚飯

份數 2人 | 成本 $180 | 器具 烤箱

重點食材 白肉魚、迷迭香 | 購買點 超市

魚肉因為本身香氣較少，所以很適合跟味道強烈的香草一起烹煮，像是迷迭香、百里香都是很好的選擇。搭配上番茄、檸檬這種帶有酸味的爽口蔬菜，十分開胃。烤出來的湯汁，很配飯但不會重鹹，是另類新奇的下飯選擇。

（材料）

番茄 … 100g
青花菜 … 250g
蒜頭 … 15g
鴻喜菇 … 120g
黃檸檬片 … 1/3 顆
白肉魚（台灣鯛魚）… 300g
白飯 … 200g

魚肉醃料

鹽巴 … 1/4 茶匙
胡椒 … 1g
迷迭香 … 1/2 茶匙
蒜頭 … 5g
黃檸檬汁 … 1/3 顆

蔬菜醃料

油 … 2 大匙
鹽巴 … 1/2 茶匙
蒜頭 … 10g
黃檸檬汁 … 1/3 顆
胡椒 … 2g
迷迭香 … 1 茶匙

（作法）

1. 番茄切成小塊狀、花椰菜與鴻喜菇剝散、蒜頭切成末狀，備用。
2. 將黃檸檬 1/3 顆切成片狀，剩下的擠成汁分成兩份備用。
3. 魚肉撒上醃料的鹽巴、胡椒、迷迭香、蒜頭，再擠上 1/3 顆的檸檬汁醃製。
4. 作取一大碗，將蔬菜醃料的所有材料混合均勻，備用。
5. 於作法❹中，倒入作法❶的番茄、青花菜、鴻喜菇與蒜頭拌勻。
6. 烤盤鋪上烘焙紙或鋁箔紙，放上作法❸與作法❺，放上作法❷切好的檸檬片。
7. 烤箱預熱 200℃，放入作法❻烤約 20 分鐘。
8. 取一飯碗鋪上白飯，放上作法❼烤好的魚肉與蔬菜，淋上烤出來的湯汁，即完成。

Woody Tips

▶迷迭香可以使用百里香或義式香料代替。

▶黃檸檬的酸味比較柔和，香氣會帶有一種甜味，比起綠檸檬也比較不容易偏苦。

5

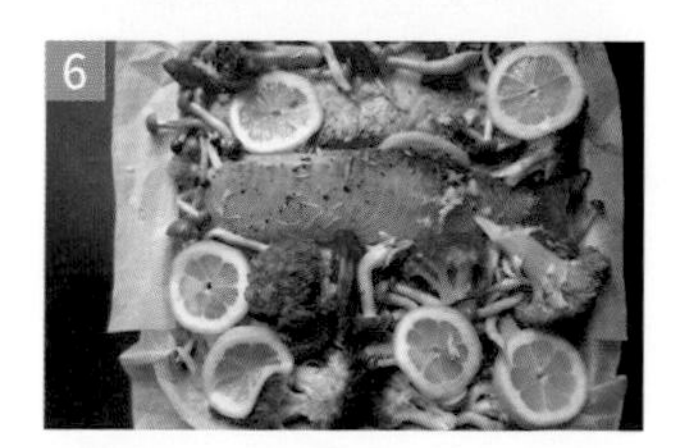
6

份數	成本	器具
2人	$91	平底鍋

重點食材	購買點
鯛魚、大阪燒醬	超市

味噌鯛魚炒飯

鯛魚用類似西京燒的方法烤製，弄碎之後跟飯一起拌炒，會產生類似魚鬆的口感跟香氣。而炒飯用大阪燒醬炒，再加上美乃滋跟香鬆，吃起來很像大阪燒。看似鹹味十足的炒飯，實際上是酸酸甜甜的爽口風味。

（材料）

鯛魚 … 300g
蔥 … 50g
雞蛋 … 2 顆
白飯 … 300g
大阪燒醬 … 2 大匙
香鬆 … 1 茶匙
美乃滋 … 1 茶匙

醃料

味噌 … 1 大匙
糖 … 1 茶匙
味醂 … 1 茶匙
酒 … 1 茶匙

（作法）

❶ 味噌、糖、味醂、酒混合均勻成醃料；蔥切成蔥花、雞蛋均勻打散成蛋液。

❷ 鯛魚切長條塊狀，加入醃料拌勻醃製 30 分鐘。

❸ 烤箱預熱 200℃ 烤約 15 分鐘；翻面，溫度調成 250℃，烤 4 分鐘。

❹ 熱油鍋，放入蛋液炒至半熟，加入白飯繼續拌炒。

❺ 將作法❸一半的魚弄碎，加入作法❹拌炒，再用大阪燒醬調味，撒上蔥花。

❻ 作法❺起鍋盛盤，撒上香鬆、淋上美乃滋、放上另一半的鯛魚塊，即完成。

魚肉記得選用刺較少的魚，弄碎時也要留意不要混入魚刺。

Woody Tips

（材料）

蟹腳肉 … 130g
蔥 … 60g
鹹蛋 … 1 顆
草蝦 … 2 隻
鹽巴 … 2 大匙
雞蛋 … 1 顆
白飯 … 300g

調味

醬油 … 1 茶匙
鹽巴 … 1/4 茶匙

▶ 草蝦一定要帶殼，以免過鹹，建議使用粗鹽最佳。

▶ 鹹蛋黃一定要以小火炒到起泡，是炒飯香氣濃郁的來源。

（作法）

❶ 蟹腳肉切成小塊狀、蔥切蔥花；鹹蛋黃與蛋白分開，鹹蛋白切成丁狀，備用。

❷ 草蝦抹上 2 大匙鹽巴，醃製備用。

❸ 雞蛋均勻打散成蛋液，起油鍋炒至半熟，盛出備用。

❹ 再將鹹蛋黃放入鍋中，以小火炒到起泡。

❺ 作法❹加入蟹腳肉與作法❸的雞蛋拌炒均勻，再加入白飯與鹹蛋白拌炒。最後加入醬油與鹽巴調味，起鍋備用。

❻ 烤箱預熱 250℃，放入草蝦烤約 12 分鐘。

❼ 取一大碗鋪上白飯，放上作法❺炒飯、作法❻草蝦，加上少許小黃瓜作裝飾。

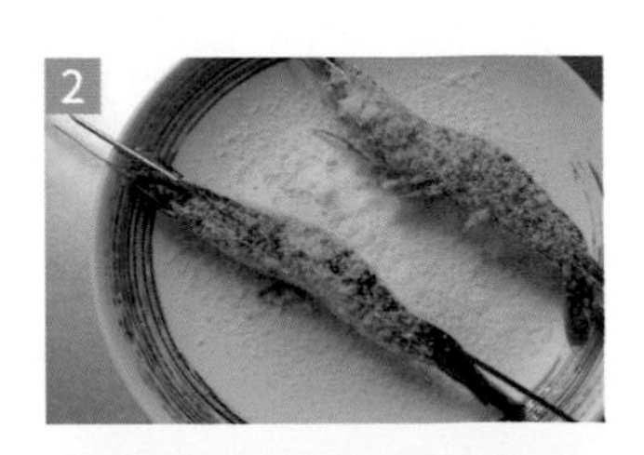
2

4

6

份數	成本	器具
2人	$115	平底鍋、烤箱

重點食材	購買點
大蝦、鹹蛋	傳統市場

月見海鮮炒飯與鹽烤大蝦

海鮮料與其他食材相比，是較高價的食材，對我來說是偶爾出現一次，正好符合「一月一見」這個詞。月見還有另外的食材美稱，通常指的是蛋黃，這道炒飯用鹹蛋黃當作香味主體，讓平凡的醬油炒飯瞬間升級為豪華版。

份數 1~2人
成本 $84
器具 平底鍋
重點食材 鮭魚、綠茶葉
購買點 超市

鮭魚茶泡飯

鮭魚本身油脂含量較高，煎完通常容易產生油膩感，但是搭配綠茶、泡菜這類清爽食材，就可以瞬間解除鮭魚的油膩。茶泡飯的茶本身沒有任何調味，依靠醬油來增加鹹度，所以可自行決定要吃清淡一點、還是鹹一點。

（材料）

雞蛋 … 1 顆
鮭魚 … 120g
綠茶葉 … 15g
熱水 … 800c.c
白飯 … 200g
泡菜 … 30g
醬油 … 1 大匙
芝麻 … 少許
海苔切絲 … 1 片

（作法）

❶ 雞蛋均勻打散成蛋液，煎成蛋皮後，切成絲。

❷ 鮭魚用中火煎至兩面上色，一面約煎 1 分半，待呈現微焦狀，起鍋備用。

❸ 綠茶葉加熱水，浸泡約 5 分鐘，備用。

❹ 取一大碗鋪上白飯，放上作法❶蛋絲、作法❷鮭魚與泡菜。

❺ 倒入作法❸約 400c.c 的茶，淋上醬油，撒上芝麻與海苔絲，即完成。

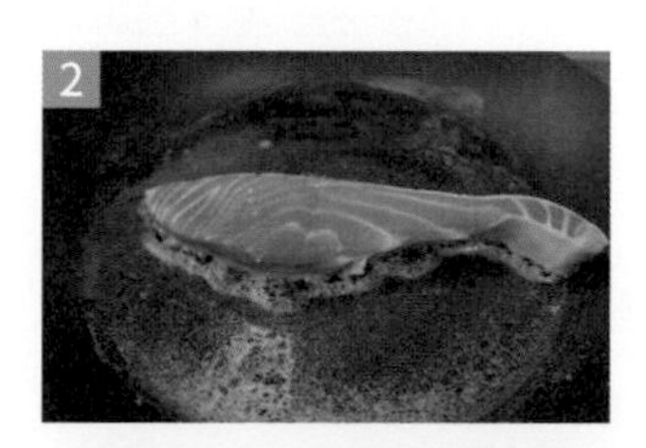

綠茶也可以使用柴魚高湯或昆布高湯代替。

Woody Tips

溫泉蛋煙燻牛肉丼

份數	成本	器具
1~2人	$135	平底鍋

重點食材	購買點
牛肉片	超市

溫泉蛋帶有特殊的滑嫩口感，可以搶救不小心炒過頭的過熟牛肉片。不論是單吃或搭配白飯，都很適合。在炒牛肉片時，加入一點培根，培根本身濃濃的煙燻味，可讓牛肉散發出迷人的碳烤香，吃起來令人回味無窮。

（材料）

香菇 … 60g
洋蔥 … 60g
紅蘿蔔 … 40g
牛肉片 … 200g
培根 … 2片（可省略）
白飯 … 200g
蔥花 … 少許

醬料

醬油 … 1 大匙
味醂 … 2 大匙
米酒 … 1 大匙
糖 … 1 茶匙
水 … 60c.c

Woody Tips

牛肉片建議選用油花多的部位，例如牛五花。五花肉久煮不爛，能保持較好的口感，油分多的部位也可以大幅提升香氣。

（作法）

❶ 香菇、洋蔥、紅蘿蔔洗淨切成絲狀；牛肉片切成約一口大小，備用。

❷ 取一小碗，將醬料的所有材料調勻備用。

❸ 溫泉蛋作法：取一湯鍋，將水煮滾後關火，把雞蛋放入鍋中，蓋上蓋子燜 25 分鐘，撈出泡冰水，備用。

❹ 起油鍋，將作法❶牛肉片與培根放入鍋中拌炒，待變色後加入洋蔥，再加入紅蘿蔔、香菇拌炒。

❺ 於作法❹中倒入調好的醬料，煮至牛肉入味。（試味道，煮到喜歡的鹹度即可）

❻ 取一大碗鋪上白飯，放上牛肉片、淋上一點醬料，打上溫泉蛋，並撒上蔥花即完成。

4

5

滑蛋牛肉飯

滑蛋牛肉是港式茶餐廳的人氣料理，我把它分開做成蓋飯，搭配煲仔飯的醬汁。牛肉因為醃製過，所以吃起來很滑嫩，蓋在飯上面的滑蛋，口感也十分滑順，再結合煲仔飯的醬汁，整道料理就是鹹香夠味。

（材料）

牛肉片 … 200g
蔥 … 50g
雞蛋 … 3 顆
起司絲 … 50g
白飯 … 200g

牛肉醃料

鹽巴 … 1g
糖 … 1/4 茶匙
醬油 … 2 茶匙
玉米粉 … 1 茶匙
油 … 1 茶匙

煲仔飯醬汁

醬油 … 1 大匙
蠔油 … 1 茶匙
糖 … 1/4 茶匙
香油 … 1 茶匙
水 … 1 茶匙

（作法）

1. 牛肉片切成約一口大小；蔥切成蔥花；煲仔飯的醬汁混合均勻，備用。
2. 將作法❶牛肉片與醃料均勻混合，醃製 30 分鐘。
3. 起油鍋，將作法❷的牛肉以中小火炒熟，盛盤備用。
4. 雞蛋均勻打散成蛋液，與起司絲混合。
5. 平底鍋熱鍋，加入 2 大匙油，轉大火，倒入作法❹蛋液攪拌，稍微凝固時關火，盛盤備用。
6. 取一大盤鋪上白飯，將作法❺滑蛋鋪在飯上，外圈鋪上牛肉，撒上蔥花，最後淋上煲仔飯醬汁，即完成。

牛肉不能炒太久，以免過老；雞蛋入鍋時要保持大火，開始有凝固、蛋液不流動時就要關火，因為餘溫還會繼續加熱。

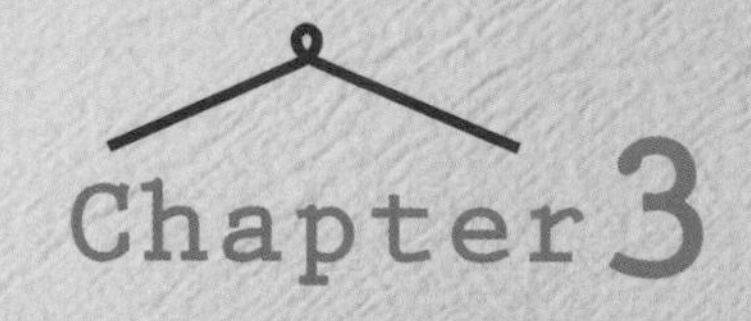

Chapter 3

隨意煮都成功的麵類

Enjoy tasty food everyday!

義大利麵、拌麵、炒麵，
還有湯控一定要學的鍋物

份數	成本	器具
3人	$175	平底鍋

重點食材	購買點
彩椒、雞胸肉	傳統市場

南洋黃咖哩義大利麵

紅、黃、青椒煮過之後會產生微微的酸甜味，讓黃咖哩義大利麵吃起來清爽又有香氣。椰漿、雞胸肉、彩椒，這些材料的負擔都不重，味道清淡，用重口味的咖哩搭配會是很完美的組合，吃之前再擠上一點檸檬汁，爽口的滋味讓人完全停不下來。

（材料）

洋蔥 … 50g
紅椒 … 100g
黃椒 … 100g
青椒 … 100g
雞胸肉 … 200g
義大利麵 … 400g
水 … 200c.c
椰漿 … 200c.c
黃咖哩粉 … 1 大匙
魚露 … 1 大匙
糖 … 1 茶匙
豌豆嬰 … 30g
巴西里 … 少許
檸檬 … 1/4 顆

Woody Tips

▶ 洋蔥跟彩椒要切成粗細差不多的絲，吃起來口感會比較好。

▶ 義大利麵條入味的程度跟軟硬度，可依個人喜好調整，先嘗看看再決定是否繼續煮。

（作法）

❶ 洋蔥、紅、黃、青椒切成絲狀；雞胸肉切片狀，備用。

❷ 取一湯鍋將水煮滾，放入義大利麵，煮約 6 分鐘後盛盤，備用。

❸ 起油鍋，放入洋蔥炒香，加入作法❶雞胸肉拌炒至變色。

❹ 作法❸加入作法❶的紅、黃、青椒絲繼續拌炒。

❺ 作法❹加水煮滾，倒入椰漿與咖哩粉，再用魚露和糖調味。

❻ 作法❺中放入義大利麵，煮至入味，起鍋盛盤。用豌豆嬰、巴西里、檸檬作裝飾，即完成。

份數 2人 | 成本 $147 | 器具 平底鍋

重點食材 椰漿 | 購買點 超市

椰漿雞肉義大利麵

椰漿跟鮮奶油很類似，可以增添許多香味，讓醬汁變濃稠、調整料理的顏色，但最大區別在於兩者的熱量，椰漿的熱量其實很低。所以我把這道料理做成南洋風味，可以無負擔的享受奶油義大利麵。

（材料）

洋蔥 … 50g
鴻喜菇 … 60g
義大利麵 … 300g
雞腿肉 … 250g
奶油 … 10g
椰漿…160c.c
水 … 160c.c
鹽巴 … 1/4 茶匙
巴西里 … 少許

椰漿的熱量低，若想增加整體香味或濃稠度，都可以再加入椰漿。

（作法）

1. 洋蔥切成丁狀；鴻喜菇切除根部，剝成散狀備用。
2. 取一湯鍋將水煮滾，放入義大利麵，煮約 6 分鐘後盛盤，備用。
3. 熱鍋，將雞腿肉帶皮的那面先朝下煎，以中火將兩面煎至上色，切成塊狀備用。
4. 起油鍋，將作法❶洋蔥以小火炒香，加入鴻喜菇與奶油拌炒。
5. 於作法❹中加入作法❸雞腿肉拌炒，加入椰漿與水煮滾後，加入鹽巴調味。
6. 將作法❷義大利麵放入鍋中，拌煮到吸附醬汁，盛盤後用巴西里作裝飾，即完成。

青醬雞肉義大利麵

份數	成本	器具
2人	$115	平底鍋

重點食材	購買點
青醬	超市

除了白醬、紅醬，青醬也是一種常用的義大利麵醬，但比起紅、白兩種醬，青醬的作法對新手來說較麻煩，所以我直接選用超市可購得的青醬。這是一款基礎的青醬麵，既然青醬可以輕鬆取得，材料上便可自由發揮，讓麵吃起來更有層次感。

（材料）

雞胸肉 … 200g
義大利麵 … 250g
蒜頭 … 20g
水 … 150c.c
青醬 … 70g

鹽水

水 … 600c.c
鹽巴 … 1 大匙

Woody Tips

雞胸肉泡鹽水會使口感軟嫩，泡的時間從 2 小時或到隔夜都可以。

（作法）

❶ 將鹽水的材料混合，放入雞胸肉浸泡約 2 小時。

❷ 取一湯鍋將水煮滾，放入義大利麵，煮約 6 分鐘後盛盤，備用。

❸ 取出作法❶雞胸肉，洗淨切成塊狀；蒜頭切成片狀，備用。

❹ 起油鍋，爆香蒜片，加入作法❷的雞肉炒熟，再加入 150c.c. 水煮滾。

❺ 作法❹放入作法❷煮熟的義大利麵，加入青醬拌炒均勻。

❻ 待作法❺煮至收汁後，盛盤用薄荷葉作裝飾，即完成。

和風野菇義大利麵

用醬油做基底，搭配菇類的義大利麵，會自然流露一股日式料理的氛圍，再加顆水波蛋，讓整體風味立刻升級。因為義大利麵的口感比較彈牙，所以在享受和風調味的同時，也能吃到麵滿滿的嚼勁。

(材料)

杏鮑菇 … 120g
鴻喜菇 … 60g
市售高湯 … 100c.c
醬油 … 1 大匙
義大利麵 … 300g
雞蛋 … 1 顆
海苔 … 2 片
巴西里 … 少許
芝麻 … 1/2 茶匙

Woody Tips

▶ 菇類在炒之前不能用水洗，容易縮水，髒的部分用紙巾擦拭即可。

▶ 處理水波蛋時，動作一定要輕柔，如果覺得太麻煩也可以搭配煎蛋。

(作法)

1. 杏鮑菇切成塊狀；鴻喜菇切除根部剝成散狀，備用。
2. 取一湯鍋將水煮滾，放入義大利麵，煮約 6 分鐘後盛盤，備用。
3. 起油鍋，以中小火炒杏鮑菇、鴻喜菇，慢慢煸炒至菇類上色。
4. 作法❸加入高湯（或水），煮至滾，再用醬油調味。加入義大利麵，轉大火把湯汁煮至收汁。
5. 起一湯鍋，將水煮滾，攪拌至出現漩渦狀，打入雞蛋，關火燜 3 分鐘。
6. 作法❹起鍋盛盤，放上水波蛋、海苔，於水波蛋上淋點醬油，最後撒上巴西里與芝麻作裝飾，即完成。

4

5

匈牙利肉醬焗烤麵

份數 2人 | 成本 $144 | 器具 平底鍋

重點食材 孜然粉、香料 | 購買點 超市

之前上過匈牙利主廚的課，令人印象深刻。他說正統匈牙利的燉肉是用豬肉而非大家常見的牛肋條，醬汁也會放入孜然粉提味。以主廚傳授變化出來的焗烤麵，加入不少孜然的豬肉醬味道濃烈，卻讓人不會發現是孜然的香氣，十分神奇。

（材料）

番茄 … 150g
蒜頭 … 10g
洋蔥 … 50g
斜管麵 … 200g
豬絞肉 … 200g
水 … 2 大匙
蛋黃 … 1 顆
起司絲 … 50g

調味

番茄醬 … 2 大匙
月桂葉 … 2 片
百里香 … 1g
鹽巴 … 1/4 茶匙
孜然粉 … 1/2 茶匙
紅椒粉 … 1/2 茶匙

Woody Tips

絞肉的部分盡量選擇瘦肉較多的比較好，油脂太多吃起來容易膩。

（作法）

❶ 番茄底部用刀劃十字，以滾水燙 2 分鐘，去皮切成小塊狀。

❷ 蒜頭切末、洋蔥切丁狀；斜管麵以滾水燙熟，備用。

❸ 起油鍋，將蒜末爆香，加入絞肉炒香，再加入洋蔥翻炒，最後放入番茄炒軟。

❹ 作法❸以番茄醬、月桂葉、百里香、鹽巴、孜然粉及紅椒粉調味。

❺ 作法❹加入水調整稠度，於盤中放入作法❷的麵、鋪上肉醬、擺一顆蛋黃，撒上起司絲。

❻ 烤箱預熱 220℃，將作法❺放入烤約 10 到 12 分至上色，即完成。

3

5

（材料）

蒜頭 … 10g
洋蔥 … 10g
德式香腸 … 2 根
杏鮑菇 … 120g
鴻喜菇 … 30g
義大利寬麵 … 250g
奶油 … 10g
低筋麵粉 … 2 大匙
牛奶 … 200c.c
起司絲 … 50g
起司粉 … 1 茶匙
巴西里 … 少許

調味

鹽巴 … 1/4 茶匙
糖 … 1/2 茶匙

Woody Tips

▶ 炒麵粉時容易焦，所以一定要記得轉成小火。

▶ 醬汁的稠度可用起司絲調整，如果太稠則可增加牛奶的量調整。

（作法）

1. 蒜頭切末、洋蔥切丁狀、德式香腸切成片狀；杏鮑菇切成塊狀、鴻喜菇切除根部剝成散狀備用。
2. 取一湯鍋將水煮滾，放入義大利麵，煮約 6 分鐘後盛盤，備用。
3. 熱鍋，放入奶油將作法❶洋蔥與蒜末炒香。
4. 作法❸加入鴻喜菇、杏鮑菇、德式香腸拌炒，轉小火加入麵粉拌勻。
5. 作法❹倒入牛奶煮滾，再加入鹽巴與糖調味。放入作法❷義大利麵，拌到裹上醬汁，再加入起司絲拌勻。
6. 將作法❺盛盤，撒上起司粉，用巴西里作裝飾，即完成。

4

白醬燻腸菌菇義麵

份數	成本	器具
2人	$130	平底鍋

重點食材	購買點
德式香腸	超市

這款白醬麵是速成的簡易版白醬，缺少的香料味，就以德式香腸的濃郁風味補足。這次麵條選擇的是能沾附很多醬汁的寬版麵條，因為白醬麵容易乾掉，所以如果用寬麵，醬汁就不用收得太濃，但依然能吸附足夠的醬汁。

五星主廚的拿手菜

這是兩部人氣電影中出現過的美食——天菜大廚跟五星主廚快餐車，電影中的料理總是讓人食指大動。這道菜的靈感取自這兩部電影，經簡化過後的版本。簡化過後的作法不難，也能讓大家體驗到當主廚做出精美料理的成就感。

（材料）

義大利麵

蒜頭 … 30g
鴻喜菇 … 50g
義大利麵 … 300g
油 … 3 大匙
鹽巴 … 1/2 茶匙
水 … 60c.c
巴西里 … 1/2 茶匙
檸檬 … 半顆

比目魚

櫛瓜 … 1 根
比目魚 … 300g
鹽巴 … 1/4 茶匙
迷迭香 … 1g

Woody Tips

櫛瓜要盡量切成薄片，口感才不會太硬，成品也會看起來更漂亮。

（作法）

義大利麵

❶ 蒜頭切成片狀、鴻喜菇切除根部剝成散狀，備用。

❷ 取一湯鍋將水煮滾，放入義大利麵，煮約 6 分鐘後盛盤，備用。

❸ 熱鍋，將油與蒜片混合，開小火煸炒。再加入鴻喜菇與鹽巴拌炒。

❹ 作法❸加入水與作法❷的義大利麵，翻炒均勻。

❺ 最後放入巴西里拌勻，幾上半顆檸檬汁，盛盤後即完成。

比目魚

❶ 櫛瓜切成薄片、比目魚去皮，備用。

❷ 將作法❶比目魚雙面撒上鹽巴與迷迭香，稍微醃製。

❸ 取一大盤，於盤中抹油，放上比目魚，將櫛瓜片像瓦片般的疊放在比目魚上。

❹ 作法❸以電鍋蒸約 10 分鐘至全熟，取出盛盤，即完成。

泰式雞肉炒河粉

份數	成本	器具
2人	$113	平底鍋

重點食材	購買點
河粉、韭菜	傳統市場

泰式河粉是泰國街頭小吃的代表作品，用鐵鍋大火翻炒出來的河粉，香味不僅充斥著鼻腔，更飄散在街頭上。炒河粉屬於家常料理，所以也會依照地區不同而有不同的風味，大火翻炒是精髓，調味則可依大家喜好盡情發揮。

（材料）

蒜頭 … 10g
韭菜 … 50g
豆干 … 6 片
雞胸肉 … 200g
河粉 … 300g
雞蛋 … 2 顆

調味

蠔油 … 1 大匙
醬油 … 1 大匙
魚露 … 2 大匙
檸檬 … 1/4 顆

Woody Tips

蛋先炒至半熟可避免大火翻炒時黏鍋；或可以放多一點油，待河粉炒熟時再下蛋液。

（作法）

❶ 蒜頭切末、韭菜切成段、豆干切成條、雞胸肉切絲；河粉泡水軟化，備用。

❷ 將雞蛋均勻打散成蛋液，起油鍋，以大火炒至半熟，盛起備用。

❸ 起油鍋，爆香蒜末，加入雞肉、豆干，以大火翻炒至熟。

❹ 於作法❸中放入作法❶河粉，一起拌炒。再倒入作法❷的蛋翻炒均勻。

❺ 將作法❹以用蠔油、醬油、魚露調味，加入韭菜翻炒至熟。

❻ 作法❺起鍋前，擠上檸檬汁，盛盤即完成。

和風牛肉炒烏龍

炒烏龍麵是很有居酒屋風味的料理，因為烏龍麵很快熟，所以很適合拿來熱炒，快速上桌。肉可以換成豬五花、雞腿肉，跟蛋黃拌在一起，口感滑順，當午餐當宵夜都很適合。

（材料）

洋蔥 … 60g
紅蘿蔔 … 80g
香菇 … 60g
牛五花肉片 … 100g
烏龍麵 … 200g
水 … 200c.c
芝麻 … 少許
蔥花 … 5g
蛋黃 … 1 顆

醬汁

米酒 … 2 茶匙
糖 … 2 茶匙
醬油 … 1 大匙
味醂 … 1 茶匙
豆瓣醬 … 1 茶匙

（作法）

1. 取一小碗，將醬汁的材料混合均勻，備用。
2. 將洋蔥、紅蘿蔔、香菇切成絲狀，備用。
3. 起油鍋，將洋蔥爆香，加入紅蘿蔔、香菇絲拌炒，再加入牛肉片炒勻。
4. 作法❸放入烏龍麵與調好的醬汁，加入水，把烏龍麵拌開、煮熟。
5. 待作法❹收汁後，起鍋盛盤，撒上芝麻與蔥花，最後打上蛋黃即完成。

這道菜的烹調時間很短，醬汁預先調好可防止炒的時候手忙腳亂。

孜然油潑麵

油是很大一部分的香氣來源，所以當熱油跟香料結合時，就會產生濃郁的香氣。這是一款十分簡單又快速的拌麵，烏醋爽口開胃，搭配香氣四溢的孜然，一不小心就會吃下很多碗。

（材料）

蒜頭 … 20g
蔥白 … 20g
青江菜 … 40g
麵條 … 200g
芝麻 … 1 大匙
孜然粉 … 1/2 茶匙
熱油 … 3 大匙

醬料

蠔油 … 1 茶匙
醬油 … 1 大匙
烏醋 … 2 茶匙
糖 … 1/4 茶匙

I like noodles

（作法）

1. 將蒜頭、蔥白切成末狀，備用。
2. 取一麵碗，放入所有醬汁的材料混合均勻，備用。
3. 青江菜洗淨，與麵條放入湯鍋中以滾水燙熟。
4. 將作法❸麵條放入作法❷調好的醬汁碗中，放上蒜末、蔥末、芝麻、孜然粉。
5. 作法❹潑上熱油後拌勻，最後放上燙熟的青江菜，即完成。

熱油加熱時跟潑時，都要留意不要燙傷，熱油具有一定的危險性，如果怕危險，也可以不潑熱油，改淋入香油即可。

（材料）

蔥 … 150g

油 … 4 大匙（選擇豬油為佳）

蠔油 … 1 茶匙

醬油 … 2 茶匙

糖 … 1 茶匙

麵條 … 300g

▶ 切成蔥絲是為了美觀跟加速，但炸的時候容易焦要特別留意。

▶ 蔥白與蔥綠要分不同時間下去炸，蔥綠才不容易燒焦。

（作法）

❶ 將蔥白與蔥綠切成細絲狀，備用。

❷ 冷鍋入油，放入蔥白開始煸炸，待油開始冒大泡泡時，放入蔥綠。

❸ 炸到蔥綠開始變黃時，關火，撈出所有的蔥。

❹ 取 2 大匙作法❸的蔥油，加入蠔油、醬油、糖，以小火加熱攪拌至醬汁起泡。

❺ 取一湯鍋，水滾後將麵條煮熟，麵條盛盤與作法❹醬汁拌勻，放上作法❸的蔥絲，即完成。

3

4

古早味蔥油拌麵

份數	成本	器具
2人	$45	湯鍋

重點食材	購買點
蔥油	傳統市場

豬油拌飯、雞油飯、蔥油拌麵都是現在少見的古早味銅板美食，想回味古早味時，不妨自己嘗試看看。蔥油炸好後，可運用在許多地方，炒菜、炒飯、拌麵、拌飯，滑順的麵條與濃厚的蔥香，讓人回憶起從前吃古早味的美好記憶。

（材料）

蔥花 … 100g
洋蔥 … 100g
櫛瓜 … 1 根
香菇 … 100g
豬後腿肉 … 350g
韓式春醬 … 250g
油 … 3 大匙
水 … 100c.c
麵條 … 300g
雞蛋 … 1 顆
小黃瓜絲 … 50g

調味

醬油…3 大匙
糖…50g
蠔油…2 大匙

Woody Tips

▶春醬在一般超市不好取得，建議網購會最快，也可至專門的韓國食品材料行購買。

▶炒春醬時，要全程保持小火才不易燒焦，如果黑醬光澤感消失，就代表炒製時間過長。

（作法）

❶ 將蔥切成蔥花，洋蔥、櫛瓜、香菇、豬肉切成丁狀，備用。

❷ 熱鍋，將韓式春醬與油混合，倒入鍋中以中火炒到春醬吸收所有油分，起鍋備用。

❸ 起油鍋，將作法❶的蔥花爆香，加入洋蔥、櫛瓜、香菇拌炒。

❹ 作法❸加入豬後腿肉拌炒上色，再加入醬油、糖、蠔油調味。

❺ 作法❹加入春醬拌炒均勻，倒入水調節濃稠度，轉小火煮至入味。

❻ 取一湯鍋，水滾後將麵條煮熟，取出麵條放在麵碗中，將作法❺淋在麵上，搭配小黃瓜絲與煎蛋即可。

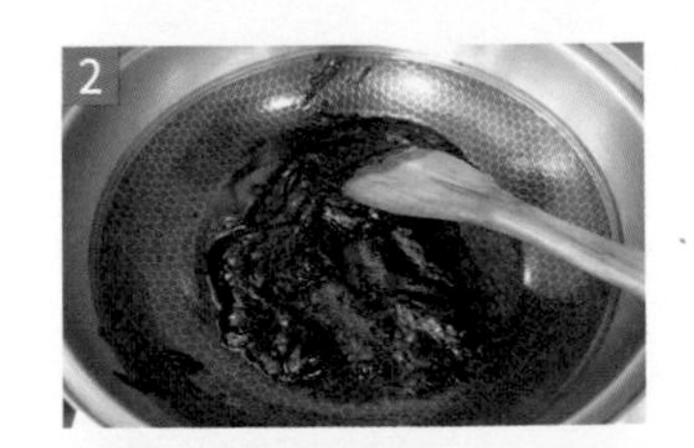
2

5

韓式炸醬麵

份數	成本	器具
3人	$230	湯鍋

重點食材	購買點
韓式春醬	網路購買

炸醬麵是很常在韓劇中看到的料理，很多人會點外賣來當作宵夜，原因是炸醬麵好煮又快速，一次也可以準備一大鍋。雖然黑色的外觀常常讓人搞不清楚到底味道如何，但是吃過之後就會發現，這款麵越黑，越能促進食慾。

份數	成本	器具
1人	$100	湯鍋

重點食材	購買點
美乃滋	超市

花生胡麻醬拌麵

這道跟日式簡易家常拉麵很像，都是短時間內能快速完成的料理，只是這款乾拌麵搭配的是花生胡麻醬。這款醬汁很適合搭配各種蔬菜、地瓜、玉米，是我在飯店工作時學到的醬汁，最大的特點是加入美乃滋，讓口感十分滑順，帶有濃濃的和風味。

(材 料)

麵條 … 200g
叉燒肉 … 3 片 (作法參考 P.162)
玉米 … 30g
海苔 … 1 片
溏心蛋 … 1 顆
蔥花 … 50g
芝麻 … 少許

醬汁

美乃滋 … 50g
芝麻醬 … 45g
水 … 30c.c
香油 … 1 茶匙
麻油 … 1 茶匙
醬油 … 1 茶匙
花生醬 … 1 茶匙

(作 法)

1. 取一麵碗，將醬汁的所有材料混合均勻，備用。
2. 取一湯鍋，水滾後將麵條煮熟，盛盤備用。
3. 取 2 大匙作法 ❶ 的醬汁與燙熟的麵條拌勻。
4. 作法 ❸ 放上叉燒肉、玉米、海苔、溏心蛋與蔥花，最後撒點芝麻裝飾，即完成。

花生胡麻醬除了拌麵，還可以搭配各式蒸熟的蔬菜跟根莖類，是一款百搭醬料。

份數 3人 | 成本 $127 | 器具 湯鍋、平底鍋

重點食材 豬絞肉、蝦 | 購買點 傳統市場

台式擔仔麵

我覺得每家麵攤最招牌的就是那鍋滷肉燥，不論是飯、麵甚至燙青菜都可以加上，只要肉燥好吃，味道就幾近完美了。配上 Q 彈的油麵、入味的滷蛋或溏心蛋，最後再喝一口濃郁的肉燥跟大骨麵湯，經典的台灣味就是這樣令人回味。

(材料)

蒜頭 … 30g
豬絞肉 … 300g
油麵 … 300g
蝦 … 5 隻
豆芽菜 … 50g
溏心蛋 … 3 顆
香菜 … 20g

醬汁

醬油 … 1 又 1/2 大匙
米酒 … 1 大匙
糖 … 1 茶匙
五香粉 … 1/4 茶匙
高湯 … 1000c.c

(作法)

1. 蒜頭切末，起油鍋將蒜頭爆香，再加入豬絞肉拌炒均勻。
2. 將作法❶加入醬油、米酒、糖、五香粉調味。再倒入 240c.c 的高湯，燉煮約 20 分鐘成肉燥。
3. 取一湯鍋，將油麵、蝦、豆芽菜以滾水燙熟，備用。
4. 取一麵碗放入油麵，依個人喜好淋上肉燥，放入蝦、豆芽菜與溏心蛋，最後淋上高湯，放上少許香菜裝飾，即完成。

一碗麵的肉燥建議是約 2 大匙，但大家可以依照自己的喜好鹹度調整分量。

Woody Tips

味噌鍋燒烏龍麵

鍋燒烏龍是十分懶人的料理，你可以選擇把料都燙熟後，再調湯底組合，或是調好湯之後，把所有材料放進去煮滾即可，不僅省時省力，還可以省去洗很多鍋子的善後環節。

（材料）

去骨雞腿肉 … 200g
香菇 … 2 朵
秀珍菇 … 30g
青江菜 … 2 株
豆苗 … 20g
魚板 … 50g
烏龍麵 … 200g
味噌 … 2 大匙
市售高湯或水 … 700c.c
醬油 … 3 大匙

（作法）

❶ 雞腿肉切成塊狀，備用。

❷ 香菇中間劃十字、秀珍菇切除根部剝散，青江菜與豆苗洗淨備用。

❸ 起一湯鍋，將作法❷蔬菜、魚板、烏龍麵，依順序個別燙熟，盛盤備用。

❹ 將味噌、高湯與醬油，放入湯鍋中混合煮滾，加入作法❶雞腿肉煮熟。

❺ 作法❹加入作法❸燙熟的材料，再次煮滾即完成。

汆燙食材容易讓水變混濁，因此，烏龍麵與魚板這種帶有氣味跟澱粉類的，建議晚一點燙，就不用一直換水。

份數 1人 | 成本 $101 | 器具 湯鍋

重點食材 味噌、牛奶 | 購買點 超市

日式簡易家常拉麵

拉麵是很需要時間跟技術的料理，講究的豚骨或海鮮湯頭，甚至會需要好幾天熬煮才能完成。但也有部分口味是可以快速完成的，這款簡單拉麵是以味噌做為湯頭基底，用牛奶增加香味與口感，快速就能完成，十分方便。

（材料）

市售高湯 … 1000c.c
牛奶 … 300c.c
拉麵 … 200g
蔥花 … 50g
玉米 … 50g
溏心蛋 … 1 顆
叉燒 … 5 片

醬汁

味噌 … 2 大匙
醬油 … 2 茶匙
米酒 … 2 茶匙
味醂 … 2 茶匙
蠔油 … 2 茶匙

（作法）

1. 取一小碗，將醬汁的所有材料混合均勻，備用。
2. 取一湯鍋，加入高湯煮滾後倒入牛奶，再加入作法❶的醬汁。
3. 另起湯鍋，以滾水將拉麵燙熟備用。
4. 作法❸的拉麵盛入碗中，放上蔥花、玉米、溏心蛋與叉燒片，倒入作法❷湯頭即完成。

叉燒肉的作法可以參照 P.162 的叉燒肉食譜喔。

份數	成本	器具
2人	$135	湯鍋

重點食材	購買點
咖哩塊	超市

咖哩牛肉起司鍋

香濃的咖哩配上濃郁的起司，因為湯頭的味道夠強烈，所以選擇各種口味清淡的食材都很適合。如果想調淡味道，不妨加入椰漿，或是用顏色與咖哩相近的南瓜來增加甜味、降低鹹度。

（材料）

青江菜 … 3 根
香菇 … 2 朵
花枝丸 … 4 顆
魚板 … 50g
烏龍麵 … 200g
牛肉片 … 200g
起司絲 … 50g

咖哩湯

水 … 800c.c
咖哩塊 … 50g
椰漿 … 50c.c
醬油 … 1 大匙

（作法）

❶ 青江菜洗淨、香菇劃十字，備用。

❷ 將咖哩湯所有的材料，放入湯鍋中，混合煮滾。

❸ 起一湯鍋，將花枝丸、魚板、烏龍麵、牛肉片以滾水燙熟，盛盤備用。

❹ 作法❶與❸加入到作法❷的咖哩湯中，煮約 5 分鐘。

❺ 最後加入起司絲，煮至沾上咖哩，微微融化即完成。

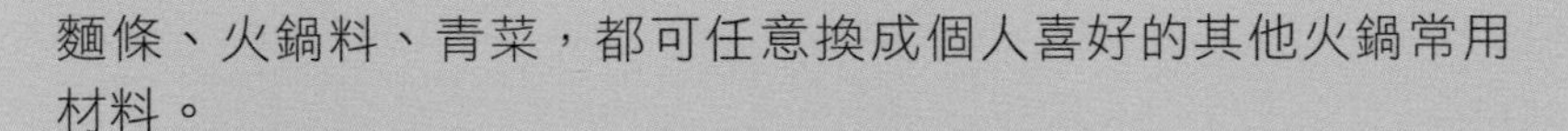
麵條、火鍋料、青菜，都可任意換成個人喜好的其他火鍋常用材料。

（材料）

德式香腸 … 2 根
午餐肉 … 100g
豆腐 … 60g
泡麵 … 200g
泡菜 … 40g
花枝丸 … 3 顆
市售高湯或水 … 500c.c
起司片 … 1 片

醬汁

韓式辣醬 … 1 大匙
醬油 … 1 茶匙
味醂…2 茶匙
糖 … 1/2 茶匙

（作法）

❶ 取一小碗，將醬汁的所有材料拌勻，備用。

❷ 將德式香腸、午餐肉、豆腐切成片狀，備用。

❸ 取一湯鍋，鍋中用泡麵鋪底，放上豆腐、香腸、午餐肉、泡菜與花枝丸。

❹ 於作法❸中倒入高湯，跟作法❶調好的醬汁，煮滾後再煮 3 分鐘，把泡麵煮到喜歡的軟硬度即可。

❺ 關火後放上起司，待起司片融化後即完成。

準備的料基本上都熟了，所以煮的時間以泡麵為主，留意泡麵煮的時間不要過長即可。

韓式個人部隊鍋

份數	成本	器具
1～2人	$120	湯鍋

重點食材	購買點
韓式辣醬、午餐肉	超市

部隊鍋對我來說是道很有吸引力的料理，午餐肉、火鍋料、德式香腸，都是我個人鍾愛的食材。韓式泡麵的優點是久煮不爛，吸附滿滿部隊鍋的湯汁，再配上濃郁的起司跟香辣泡菜，絕對是韓式料理中不敗的明星。

韓式豆腐大醬湯

份數 3人 | 成本 $145 | 器具 湯鍋
重點食材 韓式大醬 | 購買點 網購取得

五花肉在韓國真的是十分熱門的食材，大醬湯就是這樣一碗適合搭配五花肉一起享用的熱湯。大醬湯雖然口味較重，卻能完美平衡五花肉的油膩感，加入櫛瓜跟豆腐吃起來也相當清爽。當烤五花跟大醬湯一起登場，就是最厲害的白飯殺手。

（材料）

五花肉片 … 150g
香菇 … 4 朵（約 50g）
洋蔥 … 100g
櫛瓜 … 180g
蔥花 … 50g
豆腐 … 200g
蒜末 … 1 茶匙
大醬 … 2 茶匙
韓式辣醬 … 1 茶匙
酒 … 1 茶匙
市售高湯 … 500c.c

（作法）

❶ 香菇、洋蔥、櫛瓜切成丁狀；蔥切成蔥花；豆腐切成塊狀，備用。

❷ 起油鍋，將蔥花與蒜末爆香，加入豬肉片拌炒。

❸ 作法❷加入大醬、韓式辣醬、酒拌炒均勻，待顏色開始轉深色，即可加入高湯。

❹ 將作法❸再加入香菇、洋蔥、櫛瓜煮熟，最後加入豆腐，再次煮滾即完成。

加入大醬翻炒時，要保持中小火並不停攪動，留意不要燒焦。

冬蔭功湯河粉

泰文的冬蔭是酸辣的意思，功則是代表蝦，所以冬蔭功就是指酸辣蝦湯。除了酸辣跟蝦這兩個元素，其他的材料都跟火鍋有點像，所以我加入河粉變身成主食。泰國很多地方的酸辣蝦湯都不一樣。加入椰漿可以緩解辣度，不加就是辣的清湯。

（材料）

河粉 … 200g
秀珍菇 … 30g
貢丸 … 60g
蝦 … 5隻
香菜 … 20g
椰漿 … 160c.c
檸檬汁 … 1顆

湯頭

冬蔭功湯塊 … 1塊
羅望子泥 … 1茶匙
香茅 … 1支
南薑 … 20g
辣椒 … 1支
檸檬葉 … 4片
水 … 700c.c

調味

魚露 … 2茶匙
糖 … 1茶匙

（作法）

1. 香茅用刀子拍扁，河粉以溫水泡軟，備用。
2. 辣椒切斜片、檸檬葉對切、南薑切片、香菜切段狀，備用。
3. 取一湯鍋，倒入湯頭的所有材料混合均勻，煮至湯滾。再加入用魚露與糖調味。
4. 作法❸放入秀珍菇、貢丸、蝦，待蝦子煮熟即可關火。
5. 將作法❹放入香菜、椰漿、檸檬汁拌勻。
6. 取一湯鍋，以滾水將河粉燙熟。將河粉盛盤，放上配料，倒入作法❺的湯料即完成。

▶香茅、檸檬葉、南薑等香料，在東南亞商店都會販售一整包分量剛好的。

▶放湯塊是為了增添味道，基本上有放羅望子泥，味道就已經很足夠。

泰式國王清湯

份數 3人 | 成本 $168 | 器具 湯鍋

重點食材 冬粉、豬絞肉 | 購買點 超市

這是我在普吉島實習時所吃到的料理，將調味後加入冬粉的肉丸子鑲在大黃瓜中，搭配著口味清甜的湯頭。因為有別於傳統酸辣味，這樣的家常味讓我想起了台灣，印象很深刻。不喜歡太刺激泰國味的人，不妨試試看這款清湯。

（材料）

肉丸子

冬粉 … 1 把（約 100g）
豬絞肉 … 300g
玉米粉 … 1 茶匙
白胡椒 … 1 茶匙
糖 … 1 茶匙
蠔油 … 1 大匙

市售高湯 … 1000c.c
魚露 … 2 大匙
糖 … 1 大匙
紅蘿蔔 … 50g

（作法）

1. 冬粉以溫水泡軟，剪成小段；紅蘿蔔切成片狀，備用。
2. 取一大碗，將肉丸子所有材料混合，加入冬粉攪拌，至冬粉與肉黏合不脫落即可。
3. 作法❷捏成圓球狀，大約可分成 12 顆。
4. 取一湯鍋，將肉丸用滾水煮至熟，大約 8 ～ 10 分鐘待肉丸浮起，盛盤備用。
5. 另取湯鍋，將高湯、魚露、糖混合煮滾，再加入紅蘿蔔煮熟。
6. 作法❺中放入作法❹的肉丸子，再煮 5 分鐘，即完成。

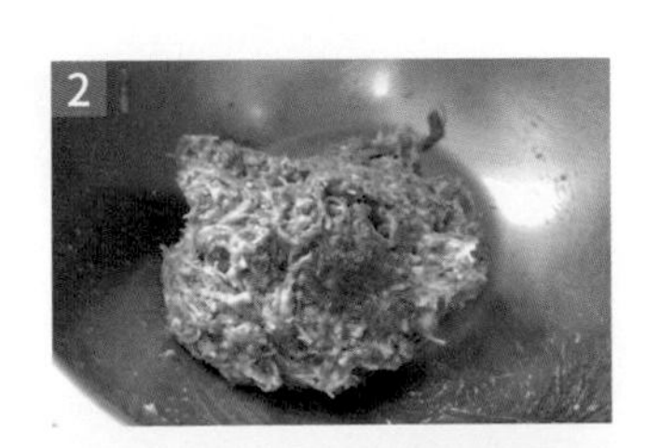

搭配切塊的大黃瓜一起烹煮，湯的味道會更加鮮甜。

（材料）

雞胸肉 … 200g
辣椒 … 2 根
番茄 … 160g
秀珍菇 … 30g
鴻喜菇 … 30g
香茅乾 … 10g
市售雞高湯 … 900c.c
羅望子泥 … 1 茶匙
椰奶 … 240c.c
魚露 … 1 大匙
糖 … 1 大匙
檸檬汁 … 1 大匙
香菜 … 10g

Woody Tips

▶ 香茅乾用布包裝成一包，最後整包挑起來比較方便。

▶ 羅望子可以用羅望子汁或羅望子泥，差別只在湯的顏色會有一點深淺不同。

（作法）

❶ 雞胸肉切片、辣椒切斜片、番茄切塊；秀珍菇與鴻喜菇剝散、香菜切段；香茅乾用布包裝起來，備用。

❷ 取一湯鍋，倒入雞高湯、香茅乾包與番茄混合煮滾。

❸ 作法❷加入雞胸肉、辣椒、羅望子泥、椰奶，攪拌均勻，將雞肉煮熟。

❹ 作法❸取出香茅乾包，放入秀珍菇與鴻喜菇煮熟，再用魚露和糖調味。

❺ 作法❹起鍋前撒入香菜，放入檸檬汁拌勻，即完成。

泰式椰汁雞湯

份數 4人 | 成本 $167 | 器具 湯鍋

重點食材 羅望子泥、椰奶 | 購買點 東南亞商店

椰汁雞湯也是大受歡迎的酸辣泰國風味，切成薄片的雞胸肉煮成鍋物完全不會乾柴，口感很棒。如果想要增加口感也可以改用雞腿肉，或是其他喜歡的火鍋料。

（材料）

牛番茄 … 4 顆
台灣鯛魚 … 350g
蒟蒻絲 … 200g
蔥花 … 30g

醃料

白胡椒 … 1/4 茶匙
米酒 … 1 茶匙
鹽巴 … 1/4 茶匙
玉米粉 … 1/2 茶匙

湯調味料

番茄醬 … 1 大匙
蠔油 … 1 大匙
醬油 … 1 大匙
市售高湯或水 … 800c.c

（作法）

1. 牛番茄底部用刀劃十字，以滾水燙 3 分鐘後，去皮切成丁狀，備用。
2. 將鯛魚肉切塊後，用醃料抓勻醃製。
3. 起油鍋，將番茄丁倒入鍋中以小火炒至軟化。
4. 作法❸加入高湯或水繼續煮滾，加入蒟蒻絲煮熟。
5. 作法❹用番茄醬、蠔油、醬油調味，加入作法❷的魚肉煮熟。
6. 最後撈去湯上的浮沫，撒上蔥花，即完成。

番茄要有耐心地炒到軟化，變成橘紅色後，湯頭的口感跟味道才會好。

番茄魚肉小火鍋

份數 2人 | 成本 $174 | 器具 湯鍋

重點食材 番茄、台灣鯛 | 購買點 超市

新鮮番茄做成的湯底帶有自然的酸味，搭配清爽的魚肉，在天冷的時候吃這個負擔不會太重，炒過的番茄會讓湯的口感更加濃郁，是大人小孩都會喜歡的酸甜口味。

剝皮辣椒雞湯

份數	成本	器具
2人	$154	電鍋

重點食材	購買點
剝皮辣椒	超市

剝皮辣椒、花瓜、菜心這類醃漬物的罐頭，相當適合拿來煮湯，帶著溫和的甜味，跟雞肉一起蒸就是很不錯的湯底。而剝皮辣椒帶有的辣味不會太重，是一種微微的辛辣，天氣冷時來一碗，瞬間讓身體暖了起來。

（材料）

雞腿肉 … 300g
蔥 … 1 支
薑片 … 20g
乾香菇 … 10g
枸杞 … 10g
蒜頭 … 3 顆
秀珍菇 … 50g
剝皮辣椒 … 6 根
市售高湯 … 900c.c
剝皮辣椒罐頭湯汁 … 75c.c
米酒 … 1 大匙

（作法）

1. 雞腿肉冷水下鍋燙熟，加入蔥、薑煮熟以去除腥味，備用。
2. 乾香菇與枸杞泡水；蒜頭去皮備用。
3. 將雞腿肉、秀珍菇、乾香菇、剝皮辣椒與蒜頭放入鍋中。
4. 作法❸再加入高湯、剝皮辣椒罐頭湯汁與米酒，以電鍋蒸 20 分鐘。
5. 最後加入枸杞，再蒸 5 分鐘，即完成。

如果怕辣，剝皮辣椒也可更換成花瓜、菜心等，帶有甜味的罐頭。

（圖中為 1 人份）

暖呼呼關東煮

份數	成本	器具
3人	$300	湯鍋、電鍋

重點食材	購買點
白蘿蔔	傳統市場

從前爸媽都會叫我們不要挑食，但為什麼大人就不挑食呢？長大後我發現了答案，不喜歡吃的東西大人根本不會買。而關東煮就是這樣的料理，隨興放入自己喜愛的料，加上吸飽湯汁的白蘿蔔，就是最具人氣的日式路邊攤小吃。

（材料）

白蘿蔔 … 1 根
雞蛋 … 3 顆
娃娃菜 … 300g
海帶 … 200g
香菇 … 100g
油豆腐 … 200g
火鍋料 … 500g

關東煮湯

市售昆布高湯 … 1200c.c
鹽巴 … 1g
醬油 … 15c.c
糖 … 1 茶匙

（作法）

❶ 將白蘿蔔去皮、切成塊狀，與雞蛋分 2 個容器一起放進電鍋蒸 20 分鐘，至白蘿蔔軟化。

❷ 將其他材料先用熱水燙過，可以達到殺菌清潔的效果。

❸ 取一湯鍋，倒入昆布高湯、鹽巴、醬油、糖，混合煮滾。

❹ 把所有材料放入作法❸的關東煮湯中，煮 20 分鐘至入味，即完成。

白蘿蔔可以把邊角銳利的部分削掉，燉煮時就不容易裂開。

Chapter 4

居酒屋的明星菜色

Enjoy tasty food everyday!

從台灣吃到日本，
還有下飯又開胃的熱炒料理

個人大阪燒

大阪燒是居酒屋中的人氣料理，書中介紹的作法是剛剛好一人份大小，煎完之後可以冷藏保存，要吃時再取出微波加熱，塗上大阪燒醬跟美乃滋即可，是宵夜的絕佳選擇。

（材料）

蔥 … 10g
高麗菜 … 200g
五花肉片 … 100g
雞蛋 … 3 顆
低筋麵粉 … 100g
水 … 100c.c
鹽巴 … 1g
蝦皮 … 10g
海苔絲 … 5g

Woody Tips

用市售的煎蛋模具協助，可以讓大阪燒變成很漂亮又剛好的 1 人份。

（作法）

❶ 蔥切成蔥花，高麗菜切成細絲，五花肉片切成一口大小，備用。

❷ 取一小碗，打入雞蛋 3 顆、低筋麵粉、水與鹽巴混合成麵糊。

❸ 於作法❷麵糊中，再加入蔥花、高麗菜絲與蝦皮，攪拌均勻。

❹ 熱油鍋，倒入作法❸的麵糊（約 120g），以小火煎上色後，把豬肉片鋪在頂端。

❺ 作法❹翻面煎至豬肉片上色，再次翻面，加入 1 大匙水，蓋上蓋子燜 3 分鐘。

❻ 作法❺起鍋，刷上大阪燒醬、淋上美乃滋，再撒上海苔絲即完成。

3

5

日式叉燒肉

份數 2人 | 成本 $80 | 器具 平底鍋、電鍋

重點食材 豬後腿肉 | 購買點 超市

叉燒肉是日式拉麵中的精隨，富含油脂跟長時間燉煮入味至軟嫩的肉，不管單吃或是配麵都很棒。切成厚片，大口享受，更是宵夜時段的第一選擇。

（材料）

豬後腿肉 … 400g

醬汁

蔥 … 50g

薑 … 3 片

米酒 … 100c.c

醬油 … 100c.c

水 … 200c.c

糖 … 3 大匙

（作法）

❶ 將蔥綁成段狀、薑切成片狀，備用。

❷ 起油鍋，以中大火將豬後腿肉煎至每一面都上色，一面約煎 30 秒至 1 分鐘。

❸ 電鍋內鍋放入蔥段、薑片、米酒、醬油、水與糖，作法❷放入以電鍋蒸 1 小時。

❹ 作法❸蒸好後，取出浸泡 20 分鐘，盛盤後切成片狀，即完成。

選擇豬後腿肉是因為肥瘦適中，可依個人喜好選擇油脂多或少的部位。

份數 3人 | 成本 $305 | 器具 烤箱、平底鍋

重點食材 雞腿肉、五花肉 | 購買點 傳統市場

居酒屋烤肉拼盤

這個拼盤是由烤雞肉串、孜然豬肉串、烤五花肉組合而成，分別代表了日式、中式、韓式三種味道，也同時有甜、鹹、辣三種不同風味。想要一次品嘗這三種口味一點也不難，醬汁配方對了，味道就不走調。

（材料）

烤雞肉串

雞腿肉 … 500g

蔥 … 50g

醬汁

米酒 … 2 茶匙

鹽巴 … 1g

蠔油 … 1 茶匙

醬油 … 1 茶匙

味醂 … 1 茶匙

糖 … 2 茶匙

黑胡椒 … 2g

孜然豬肉串

豬後腿肉 … 400g

醬汁

糖 … 1/2 茶匙

鹽巴 … 1/2 茶匙

醬油 … 2 大匙

五香粉 … 1/2 茶匙

孜然粉 … 1/2 茶匙

烤五花肉

豬五花肉 … 500g

醬汁

蒜末 … 10g

薑末 … 5g

香油 … 1 大匙

韓式辣醬 … 1 大匙

糖 … 1 茶匙

豬五花肉厚度不能太厚，容易外層醬汁燒焦但是中心沒熟，大約一隻手指頭寬的厚度即可。

（作法）

烤雞肉串

❶ 雞腿肉切成塊狀，蔥切成蔥段，備用。

❷ 取一大碗，將醬汁所有材料均勻混合，把雞腿肉醃製約 30 分鐘。

❸ 用鐵籤串起作法❷雞腿肉與蔥段，烤箱預熱 220℃烤約 15 分鐘，即完成。

孜然豬肉串

❶ 取一大碗，將醬汁所有材料均勻混合，備用。

❷ 將豬後腿肉切成塊狀，放入作法❶醬汁中醃製約 30 分鐘。

❸ 用鐵籤串起作法❷醃好的豬肉，烤箱預熱 220℃烤約 15 分鐘，即完成。

烤五花肉

❶ 豬五花肉切成長方形的塊狀，備用。

❷ 取一大碗，將醬汁所有材料均勻混合，備用。

❸ 於作法❷醬汁放入豬五花，醃製約 30 分鐘。

❹ 熱鍋，將醃製好的五花肉用中小火煎至兩面上色，以鐵籤串起，即完成。

（材料）

去骨雞腿排 … 2 隻（約 1000g）

芝麻 … 少許

醃料

醬油 … 90c.c

米酒 … 60c.c

味醂 … 2 大匙

糖 … 2 大匙

It's so easy!

（作法）

❶ 取一大碗，倒入醃料的所有材料，混合均勻，備用。

❷ 於作法❶中放入雞腿排，醃製約 30 分鐘以上。

❸ 熱鍋，將雞腿帶皮的那面朝下，以小火煎至上色後翻面，煎至兩面上色。

❹ 作法❸倒入一半作法❶的醃料，以小火煮至湯汁濃稠，雞腿全熟上色即可。

❺ 作法❹盛盤切成塊狀，撒上芝麻作裝飾，即完成。

煎雞腿時一定要保持小火，火太大會讓雞皮收縮太快，容易外皮焦了，裡面卻還沒熟。

日式照燒雞

份數	成本	器具
2人	$250	平底鍋

重點食材	購買點
雞腿	傳統市場

照燒是一種日本料理的烹飪法，是很適合當便當菜的一道料理，不易失敗也很好入味。自己做的好處是可依照喜好選擇要用肉雞、土雞、仿土雞或是牧草雞，不同的口感會帶來很不一樣的體驗，大塊豪邁地擺在盤子上，一登場就氣勢滿分。

泰式炒泡麵

份數	成本	器具
2人	$138	平底鍋

重點食材	購買點
韭菜、豆芽菜	傳統市場

炒泡麵不僅是很適合當宵夜的料理，也是我學生時代的園遊會回憶之一，快速簡單且不容易失敗。將泰式河粉跟炒泡麵的作法融合，讓炒泡麵除了炸醬或沙茶醬口味，再多一種南洋泰式口味的新選擇。

（材料）

乾辣椒 … 2g
紅蔥頭 … 10g
雞蛋 … 2 顆
蝦仁 … 6 隻
泡麵 … 200g
韭菜 … 80g
豆芽 … 30g

醃料

醬油 … 1 大匙
蠔油 … 1 大匙
魚露 … 2 大匙
檸檬 … 半顆

（作法）

❶ 乾辣椒剪碎、紅蔥頭切成絲；雞蛋均勻打成蛋液，備用。

❷ 熱油鍋，將紅蔥頭絲爆香，加入乾辣椒繼續炒香。

❸ 作法❷倒入蝦仁炒熟，打入作法❶蛋液拌炒均勻。

❹ 取一湯鍋，將泡麵以滾水煮 1 分鐘，撈出備用。

❺ 把作法❹的泡麵加入作法❸中翻炒，用醬油、蠔油與魚露調味。

❻ 最後加入韭菜與豆芽翻炒，起鍋盛盤，搭配檸檬一起享用。

泡麵記得不需煮太熟，因為還要再炒過，所以要保留一點嚼勁。 Woody Tips

泰國女婿蛋

份數 3人 | 成本 $65 | 器具 平底鍋

重點食材 雞蛋、紅蔥酥 | 購買點 超市

女婿蛋據説是女婿為了討岳父歡心，所努力練習做出來的一道泰國菜。炸過的蛋表皮酥脆，除了香味重以外，還可以吸附更多的醬汁。切半的雞蛋剛好有著一口一個的特性，所以很適合拿來當作小菜搭配，除了炸過的水煮蛋，也可以用煎至金黃的荷包蛋替換。

（材料）

雞蛋 … 5 顆
蒜頭 … 20g
辣椒 … 10g
蔥 … 20g
豬絞肉 … 150g
紅蔥酥 … 20g

調味

魚露 … 2 大匙
檸檬汁 … 2 大匙
糖 … 1 大匙
醬油 … 1 茶匙

Woody Tips

油炸前蛋務必完全擦乾，有水分容易油爆開，要特別小心。

（作法）

❶ 取一湯鍋，將雞蛋以冷水下鍋，煮 10 分鐘至熟。

❷ 作法❶雞蛋放入冷水中，剝去蛋殼，擦乾備用。

❸ 蒜頭切成片狀、辣椒切圈、蔥切蔥花，備用。

❹ 作法❷雞蛋用淺油煎炸至表面金黃，盛出備用。

❺ 蒜片入鍋，小火煸至金黃，加入絞肉、辣椒繼續翻炒。

❻ 將魚露、檸檬汁、糖、醬油加入調味，放入紅蔥酥拌勻，盛出當配料。

❼ 雞蛋切對半，放上作法❻炒好的配料，淋上配料的湯汁，撒上蔥花，即完成。

4

7

（材料）

市售炸雞 … 700g

經典韓式辣醬

番茄醬 … 2 茶匙

韓式辣醬 … 2 茶匙

糖 … 1 茶匙

醋 … 1 茶匙

水 … 1 大匙

青醬

市售青醬 … 1 大匙

起司片 … 1 片

起司粉 … 1 大匙

起司醬

牛奶 … 60c.c

起司 … 3 片

鹽巴 … 1g

黑胡椒 … 1g

黑糖奶油

奶油 … 10g

黑糖 … 1 大匙

醬油 … 1/4 茶匙

（作法）

❶ 將經典韓式辣醬的材料混合均勻，取一湯鍋煮滾，備用。

❷ 作法❶加入炸雞翻拌均勻。

❸ 將青醬的材料混合均勻，以中火微波 1 分鐘，攪拌後與炸雞拌勻。

❹ 取一湯鍋放入起司醬的牛奶與起司，以小火煮至起司融化，再以鹽巴和黑胡椒調味。

❺ 將作法❹的起司醬，與炸雞拌勻。

❻ 取一湯鍋將奶油融化後，加入黑糖與醬油，煮至微微濃稠時，加入炸雞拌勻。

有用火加熱的醬汁要小心不要燒焦，記得全程保持小火，過於濃稠則可加入一點水調整濃度。

Woody Tips

四種口味韓式炸雞

份數：3人 ｜ 成本：$165 ｜ 器具：湯鍋

重點食材：各式醬料 ｜ 購買點：超市

韓劇中很常出現韓式炸雞配啤酒的橋段，一口炸雞一口酒，看起來十分享受。這次特別設計了 4 種不同配方，如果吃膩了速食店的炸雞、自己炸又怕麻煩，不如試試做點小變化，不用油鍋也可能享受到不同美味。

（材料）

豬排骨（肋排）… 400g
起司絲 … 150g
蔥 … 1 支
薑片 … 10g
米酒 … 1 大匙
水 … 600c.c

醬汁

韓式辣醬 … 3 大匙
醬油 … 2 大匙
糖 … 1 大匙
白胡椒 … 1/2 茶匙

Woody Tips

▶ 排骨再煎過是為了讓口感比較酥脆，也可省略這個步驟。

▶ 起司烤至融化即可，可依照家中烤箱火力跟融化速度來調整烤的時間。

（作法）

❶ 取一湯鍋，倒入水後加入蔥段、薑片、米酒，煮滾。

❷ 作法❶放入排骨，重新煮滾後，轉小火煮 20 至 25 分鐘。

❸ 將醬汁的材料混合均勻，備用。

❹ 把作法❷煮好的排骨與醬汁混合，醃製約 1 小時。

4

❺ 起油鍋，以小火將作法❹的排骨煎至上色。

❻ 取一個耐烤的陶瓷盤或烤盤，盤底抹上油，放入作法❺的排骨，鋪上起司絲。

❼ 將烤箱預熱 220℃，作法❻放入烤箱烤約 8 分鐘至起司融化，即完成。

韓劇風起司排骨

份數	成本	器具
2人	$155	平底鍋、烤箱

重點食材	購買點
豬排骨或肋排	傳統市場

入味軟嫩的排骨，有著重口味的鹹香辣，搭配起司拉絲的口感跟濃郁香氣，一口一塊，會完全停不下來，很適合在星期五的晚上配杯啤酒，享受即將到來的週末。

塔香三杯雞

三杯雞是很配飯、下酒、耗飲料的菜，入味的雞腿肉本身美味程度就不用說了，配菜的薑片、九層塔、蒜頭更是不輸主角，盤中的任何一項食材，都是不可缺少的美味精華。

（材料）

雞腿 … 1 隻（約 500g）
薑 … 30g
蒜頭 … 30g
辣椒 … 20g
麻油 … 1 大匙
醬油 … 3 大匙
米酒 … 50c.c
水 … 50c.c
糖 … 20g
九層塔 … 30g

（作法）

1. 雞腿切成塊狀，薑切成片狀、蒜頭去皮、辣椒斜切，備用。
2. 麻油入冷鍋，以小火煸香薑片與蒜頭。
3. 待作法❷薑片捲起、蒜頭上色後，加入雞腿肉煎至上色。
4. 作法❸加入醬油、米酒、水與糖，煮至滾。再轉小火，加蓋燜煮 15 分鐘。
5. 作法❹開蓋後，加入九層塔與辣椒炒熟，即完成。

雞腿入鍋前可以先用紙巾擦拭，避免水分殘留而產生油爆。

份數	成本	器具
2人	$160	平底鍋

重點食材	購買點
五花肉片、蒜苗	超市

回鍋肉

原本正統的回鍋肉，會將大塊的五花肉燙熟再切成極薄的薄片，我將過程簡化，直接使用市售五花肉片，讓這道菜可以非常快速的完成上桌。這道菜重口味又下飯，是十分迷人的熱炒料理。

（材料）

蒜苗 … 1 支（65g）
五花肉片 … 400g
豆瓣醬 … 2 大匙
醬油 … 1 大匙
米酒 … 2 大匙
糖 … 1 大匙

（作法）

1. 蒜苗切斜成段狀，備用。
2. 起油鍋，倒入五花肉片，以中火煎炒。
3. 作法❷炒至肉片釋放油分後，加入豆瓣醬拌炒。
4. 待作法❸翻炒至通紅時，用醬油、米酒、糖調味，最後加入蒜苗拌炒至熟，即完成。

炒五花肉的時候本身會釋出很多的油，所以剛開始熱鍋時，不需放太多油。

麻婆豆腐

中國四川有句話說：「孩子要壯，豆腐要燙。」意思就是麻婆豆腐十分下飯，只要能把麻婆豆腐做的香辣開胃又熱呼呼，那孩子就會一口接一口。這道在台灣、日本也是相當常見的熱炒店居酒屋美食，刺激的風味確實會讓人上癮。

（材料）

蒜頭 … 10g
薑 … 5g
蔥 … 1 支（20g）
板豆腐 … 400g
豬絞肉 … 300g
辣豆瓣醬 … 2 大匙
甜麵醬 … 1 茶匙
水 … 250c.c
醬油 … 1 大匙
糖 … 2 茶匙
花椒粉 … 1g
孜然粉 … 2g

勾芡

玉米粉 … 2 大匙
水 … 4 大匙

Woody Tips

▶ 甜麵醬是為了讓辣味較為溫和，也可省略。

▶ 勾芡分 3 次進行，可以讓勾芡更加均勻，不會結塊或突然收太濃。

（作法）

❶ 蒜頭與薑切成細末，蔥切成蔥花、豆腐切成丁；勾芡用水與玉米粉混合成芡汁，備用。

❷ 起油鍋，將薑蒜末爆香，倒入豬絞肉拌炒至變色。

❸ 作法❷加入豆瓣醬與甜麵醬，拌炒至材料顏色通紅，再加入水煮滾。

3

❹ 作法❸用醬油與糖調味，加入豆腐煮約 5 分鐘。

❺ 作法❹分成 3 次加入芡汁，邊加入邊攪拌均勻。

❻ 最後加入花椒粉與孜然粉，盛盤後撒上蔥花，即完成。

份數 2人 | 成本 $130 | 器具 平底鍋

重點食材 牛肉、洋蔥 | 購買點 超市

香辣鐵板牛肉

鐵板類型的料理是熱炒店的招牌菜，上桌時能夠保有熱度，不僅會持續散發熱氣，連辣度都能完美的保留。醃製過後的滑嫩牛肉，再與嗆辣的黑胡椒、洋蔥一同拌炒，香辣可口、十分下飯。

（材料）

牛肉 … 300g
洋蔥 … 150g
蒜頭 … 15g
奶油 … 15g
油 … 2 大匙

醃肉料

醬油 … 1 茶匙
糖 … 1/4 茶匙
玉米粉 … 1/2 茶匙

調味

黑胡椒 … 1 茶匙
蠔油 … 1 大匙
鹽巴 … 1g
糖 … 1/4 茶匙

勾芡

玉米粉 … 1 茶匙
水 … 1 大匙

（作法）

❶ 牛肉切成細絲狀，用醃肉料均勻抓醃。

❷ 洋蔥切絲、蒜頭切末，備用。

❸ 熱鍋，倒入兩大匙的油，以中小火慢炒牛肉至變色，盛盤備用。

❹ 另起鍋，讓奶油融化，將蒜末與洋蔥絲爆香。

❺ 作法❹加入黑胡椒、蠔油、鹽巴與糖調味，放入作法❸牛肉絲翻炒均勻。

❻ 最後將材料混合好的勾芡水倒入，拌炒均勻，即完成。

先用油炒過牛肉可以幫助肉質吃起來不老，熱炒調味時也可以快速起鍋。

魚香烘蛋

份數	成本	器具
2人	$117	平底鍋

重點食材	購買點
豆瓣醬	超市

用熱油烘得蓬蓬的蛋，帶有濃濃的香味，再配上魚香醬汁，開胃又下飯。烘蛋同時也是百搭的料理，上面的醬汁都可以換成不同的醬料，不僅不容易失敗，味道也是絕對受歡迎。

（材料）

蒜頭 … 10g
薑 … 10g
蔥 … 50g
鹽巴 … 1/4 茶匙
雞蛋 … 4 顆
豬絞肉 … 250g
辣豆瓣醬 … 3 大匙
水 … 150c.c

調味

醋 … 2 茶匙
糖 … 2 茶匙
醬油 … 2 茶匙

勾芡

太白粉 … 1 大匙
水 … 1 大匙

Woody Tips

烘蛋的油要多，油溫要高一點，煎出來的蛋才會有膨鬆的口感。

（作法）

❶ 蒜頭與薑切成細末，蔥切成蔥花；太白粉與水混合均勻，備用。

❷ 取一大碗，將雞蛋打散，用鹽巴調味，攪拌均勻成蛋液。

❸ 起油鍋，將作法❷倒入鍋中，以中火將兩面煎至上色，盛起備用。

❹ 於鍋中將薑末與蒜末爆香，再加入豬絞肉拌炒均勻。

❺ 作法❹中加入辣豆瓣醬，翻炒至材料顏色通紅，加入水煮滾。

❻ 作法❺以醋、糖、醬油調味，加入作法❶的勾芡水勾芡，倒在作法❸的烘蛋上，撒上蔥花，即完成。

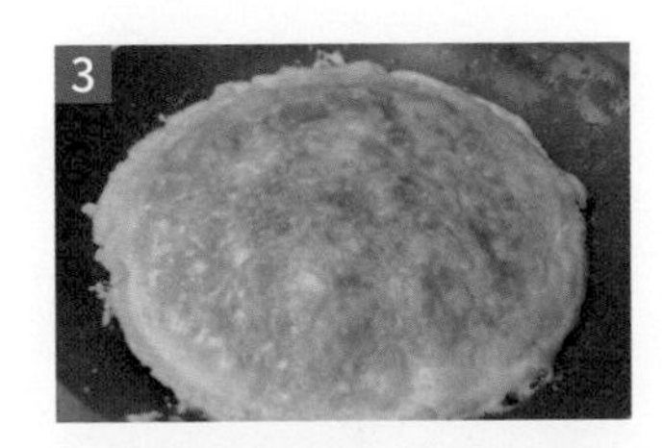
3

5

宮保皮蛋

份數 2人 | 成本 $90 | 器具 平底鍋

重點食材 皮蛋、花生 | 購買點 傳統市場

宮保類型的菜都很適合下酒配飯，但我特別喜歡炸過皮蛋帶來的獨特口感跟香氣。皮蛋是一種很特別的食材，敢吃的很愛，不敢吃的人無法接受。但是用宮保手法料理的皮蛋，可去除特殊味道，很適合做為第一次嘗試。

（材料）

皮蛋 … 5 顆
蒜頭 … 15g
蔥 … 50g
乾辣椒 … 20g
玉米粉（油炸用）… 約 50g
油 … 100c.c
花生 … 40g

宮保醬汁

醬油 … 1 大匙
醋 … 20c.c
太白粉 … 1 茶匙
水 … 1 大匙
鹽巴 … 2g
糖 … 1 茶匙
白胡椒粉 … 1g

（作法）

❶ 皮蛋對切成四等份，蒜頭切片狀、蔥切段狀、乾辣椒剪成小段，備用。

❷ 將作法❶的皮蛋沾裹上玉米粉，熱鍋，加入約 100c.c 的油，以中火將皮蛋煎至表面金黃，盛出備用。

2

❸ 將宮保醬汁所有材料混合均勻，備用。

❹ 另起油鍋，將蒜片與乾辣椒爆香，放入皮蛋拌炒，倒入宮保醬汁混合均勻。

❺ 再於作法❻加入蔥段拌炒，起鍋盛盤，最後撒上花生，即完成。

炸皮蛋時請小心，蛋黃容易產生油爆的狀況。

Woody Tips

（材料）

韭菜 … 50g
鴻喜菇 … 60g
火鍋料 … 300g
香菇 … 3 朵
豆干 … 8 片

烤肉醬料

孜然粉 … 1 茶匙
五香粉 … 1/2 茶匙
韓式辣醬 … 1 大匙
醬油 … 1 大匙
蠔油 … 1 大匙
水 … 2 大匙
糖 … 1 大匙

（作法）

❶ 韭菜切成段狀、鴻喜菇切除根部剝成散狀，備用。

❷ 將烤肉醬的所有材料混合均勻，備用。

❸ 於烤盤或耐烤陶瓷盤盤底，抹上少許油，鋪上火鍋料、香菇、鴻喜菇、豆干與韭菜。

❹ 作法❸刷上一層烤肉醬料，將烤箱預熱 180℃，放入烤約 18 分鐘，即完成。

3

烤肉醬不用刷太多，薄薄一層即可。因為基本上材料都已熟或是快熟的，只要把醬汁烤入味、烤至收乾即可。

家庭式烤肉

份數 3人 | 成本 $120 | 器具 烤箱

重點食材 豆干、韭菜 | 購買點 傳統市場

中秋烤肉時想要應景，但又不想太耗費工夫，不妨試試在家用烤箱，也能烤出很美味的烤肉。烤肉醬自己調製，不會因為量太多、太大罐消耗不完，也能依照個人口味調整鹹淡。

份數 3人 | 成本 $300 | 器具 湯鍋

重點食材 各式醬料 | 購買點 超市

不熱炒的熱炒明星

熱炒店除了熱炒菜以外，還有不少不用熱炒的人氣料理。這道菜以五花肉片為主要食材，配上蒜蓉醬、五味醬、大薄片醬，做出三道很開胃的涼拌料理，同時吃到酸辣、鹹香、甜辣等不同美味。

（材料）

五花肉片 … 600g
蔥 … 50g
薑片 … 30g
米酒 … 1 大匙
高麗菜絲 … 100g

蒜蓉醬

蒜頭 … 20g
醬油 … 1 大匙
糖 … 1 大匙
蠔油 … 2 大匙

五味醬

蔥末 … 5g
蒜末 … 5g
薑末 … 5g
辣椒末 … 5g
番茄醬 … 2 大匙
糖 … 2 茶匙
醋 … 1/2 茶匙
烏醋 … 1/2 茶匙
檸檬汁 … 1 茶匙

大薄片醬

魚露 … 1 大匙
糖 … 1 大匙
檸檬汁 … 1 大匙
水 … 1 大匙
香菜段 … 10g
辣椒末 … 10g

（作法）

❶ 取一湯鍋倒入適量水，加入蔥、薑片與米酒煮滾。

❷ 作法❶放入五花肉片煮熟，撈出冷卻後備用。

❸ 將蒜蓉醬、五味醬與大薄片的醬汁材料各別混合均勻。

❹ 取三個小碗中鋪上高麗菜絲，放上五花肉，淋上三種醬汁，即完成。

Woody Tips

醬汁可以挑自己喜歡的即可。肉片選擇帶有油花的，口感會比較好。

肋排、鹹派、小漢堡，
特殊日子端上桌
絕不掉鍊的中式羹湯

Chapter 5

中西皆可的派對美食

Enjoy tasty food everyday!

份數 8顆 | 成本 $135 | 器具 平底鍋

重點食材 絞肉 | 購買點 傳統市場

義式肉丸

帶有番茄酸味的醬汁，搭配厚實濃烈香味的肉丸，不論是開胃點心、主菜、派對下酒菜，都很不錯，也很適合搭配麵包。手工自製的肉丸因為形狀不規則，能沾附上不少醬汁，如果剩下了，放入冰箱冷藏一整晚也會更加入味，美味程度不減反增。

（材料）

肉丸

洋蔥 … 120g
蒜頭 … 5g
豬絞肉 … 300g
麵粉 … 2 大匙
雞蛋 … 1 顆
鹽巴 … 1/2 茶匙
百里香 … 1g

醬汁

番茄 … 250g
水 … 160.c.c
番茄醬 … 2 大匙
百里香 … 1 茶匙

Woody Tips

肉丸也可以用烤箱以 180 ℃ 烤 15 分鐘，形狀會更圓；煎的方式則較為快速，取決於個人喜好。

（作法）

❶ 將洋蔥切丁、蒜頭切末、番茄切丁，備用。

❷ 起油鍋，將洋蔥丁與蒜末以小火炒至褐色，盛起放涼。

❸ 取一大盆，放入絞肉、麵粉、雞蛋與炒好的作法❷，再加入鹽巴與百里香混合。

❹ 將作法❸攪拌均勻，所有材料結合在一起至產生筋性，捏成約 8 顆肉丸。

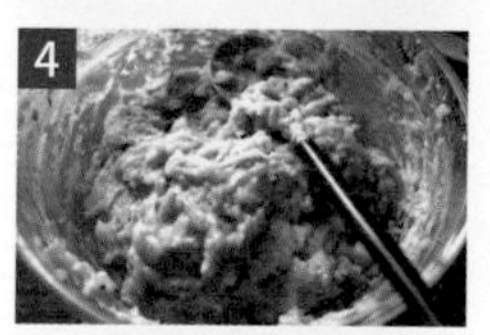

❺ 熱鍋，以中火煎作法❹的肉丸，至表面呈金黃色，盛盤備用。

❻ 起油鍋，放入番茄丁炒軟，加入水與番茄醬至煮滾。

❼ 作法❻倒入作法❺完成的肉丸，轉小火煮至收汁、濃稠入味，最後撒上百里香拌勻，即完成。

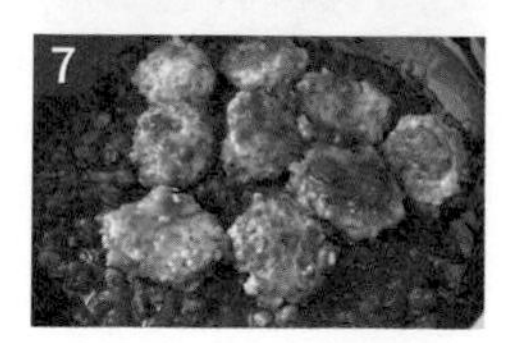

份數	成本	器具
4人	$230	平底鍋、烤箱

重點食材	購買點
馬鈴薯	超市

牧羊人派

牧羊人派是英國鄉村的農舍料理，最初是用羊絞肉去製作，經過許多人的改良，形成了各種不同的風味，底層的肉醬在烤製時，會慢慢的讓上層馬鈴薯吸收醬汁，表面的馬鈴薯會烤到有點酥脆，一口挖下去，能同時享受到多種口感與美味衝擊。

（材料）

肉醬

蒜頭 … 5g

洋蔥 … 150g

番茄 … 30g

豬絞肉（或牛絞肉）… 450g

迷迭香 … 1/4 茶匙

黑胡椒 … 1g

鹽巴 … 1/4 茶匙

低筋麵粉 … 1 大匙

高湯 … 240.c.c

馬鈴薯泥

馬鈴薯 … 700g

奶油 … 110g

牛奶 … 80g

黑胡椒 … 2g

鹽巴 … 1/4 茶匙

起司絲 … 30g

Woody Tips

可以在鋪好的馬鈴薯上，用叉子劃出紋路，烤出來的樣子會更像道地的牧羊人派。

（作法）

肉醬

❶ 將蒜頭切末、洋蔥與番茄切成丁狀，備用。

❷ 起油鍋，將洋蔥丁爆香，加入絞肉拌炒至上色。

❸ 作法❷用迷迭香、黑胡椒、鹽巴調味，加入大蒜末、番茄、低筋麵粉拌炒。

❹ 作法❸加入高湯煮滾，轉小火燉煮 10 分鐘，備用。

馬鈴薯泥

❶ 馬鈴薯去皮切成丁狀，用電鍋蒸 30 分鐘至熟軟。

❷ 將作法❶取出，趁熱加入奶油、牛奶、黑胡椒與鹽巴，搗成馬鈴薯泥。

❸ 作法❷加入起司絲拌勻，將烤盤底層鋪上肉醬，上層放上作法❷馬鈴薯泥。

❹ 將烤箱預熱 200℃，放入作法❸烤約 30 分鐘，至表面呈金黃即完成。

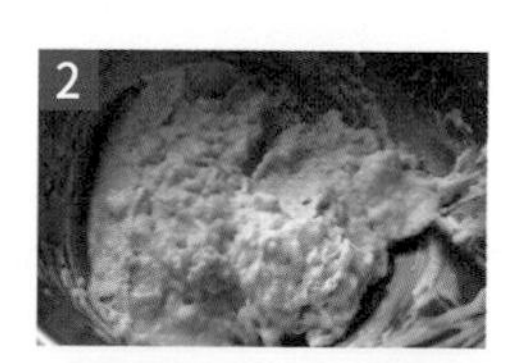

份數 3人 | 成本 $305 | 器具 湯鍋、電鍋

重點食材 牛肋條 | 購買點 超市

麵包盅牛腩咖哩

咖哩是很好準備並容易控制分量的菜，因為咖哩塊都有標示多少咖哩塊配多少水，調味不會失準，無論是準備少量或是派對宴會時的大量，都很好拿捏。我用燉牛肉的高湯當作煮咖哩的水分，整道咖哩的味道就會很有一致性，配麵包極度適合。

（材料）

牛肋條 … 400g
洋蔥 … 10g
馬鈴薯 … 200g
紅蘿蔔 … 200g
咖哩塊 … 3 塊（約 60g）
醬油 … 1 大匙
圓形歐式麵包 … 1 個

燉牛腩材料

薑片 … 15g
酒 … 1 大匙
市售高湯或水 … 1000.c.c
迷迭香 … 2g
洋蔥 … 半顆

（作法）

❶ 將牛肋條切成塊狀，與燉牛腩的薑片、酒、高湯、迷迭香與洋蔥放入電鍋內鍋。以電鍋蒸約 40 分鐘。

❷ 洋蔥切丁，馬鈴薯與紅蘿蔔去皮切成塊狀，備用。

❸ 起油鍋，將洋蔥丁爆香，倒入作法❷馬鈴薯和紅蘿蔔翻炒。

❹ 作法❸加入 800.c.c 作法❶的燉牛腩高湯煮滾，再燉煮 10 分鐘至紅蘿蔔軟化。

❺ 作法❹放入牛腩，再次煮滾後轉小火，加入咖哩塊攪拌均勻，用醬油調味。

❻ 把歐式麵包切除頂蓋，中心挖空，放入作法❺的咖哩牛腩，即完成。

1

5

醬油是為了調整鹹度並加深咖哩顏色，可依個人口味省略。

Woody Tips

（材料）

帶骨羊排 … 5 支
馬鈴薯 … 150g
紅蘿蔔 … 200g
洋蔥 … 50g
孜然粉 … 1 茶匙
五香粉 … 1/2 茶匙
油 … 2 茶匙

醃料

蒜頭 … 10g
醬油 … 1 大匙
酒 … 1 茶匙
蜂蜜 … 1 茶匙

最後的 20 分鐘不蓋鋁箔烤是為了讓羊排烤乾並上色，成品會比較好看，但要隨時注意不要烤焦。

（作法）

❶ 將蒜頭切成碎末，將醃料的材料放入碗中，攪拌均勻。將羊排以醬料抓勻，醃製約 2 小時。

❷ 將馬鈴薯與紅蘿蔔去皮切成塊狀，洋蔥切成丁狀，備用。

❸ 在烤盤鋪上作法❷，放上醃製好的作法❶羊排，蓋上鋁箔紙，烤箱預熱200℃，烤30分鐘。

❹ 將孜然粉、五香粉與油，和作法❶的醃料混合成醬汁，取出作法❸的羊排，刷上醬汁，不蓋鋁箔紙，再回烤 10 分鐘。

❺ 作法❹翻面，刷上作法❹的醬汁，再烤 10 分鐘。

❻ 作法❺從烤箱中取出，將盤底鋪上烤好的蔬菜，最後放上羊排，即完成。

份數	成本	器具
2人	$320	烤箱

重點食材	購買點
羊排	超市

蜜汁嫩烤羊小排

排餐類的肉常常會有大塊、不好入味、容易乾柴等缺點，所以需要的就是多一點的時間，讓肉質軟化跟入味，尤其是羊排更是容易出現這種問題。這次的羊排既入味也十分軟嫩，相同的醃製方法也可應用在戰斧豬排或烤雞上，保證吮指回味。

（材料）

豬肋排 … 600g

乾醃料

紅椒粉 … 1 茶匙
鹽巴 … 1/2 茶匙
胡椒 … 1/2 茶匙
肉桂粉 … 1 茶匙
蒜粉 … 1 茶匙
黑糖 … 2 大匙

烤肉醬

番茄醬 … 100g
蜂蜜 … 10g
醋 … 1 大匙
黑糖 … 30g

喜歡口感較軟的，可以將蒸的時間延長至 1 小時。烤肋排是為了能上色入味，醬汁糖分比較多，要小心不要烤到燒焦。

（作法）

❶ 取一小碗，將乾醃料的所有材料混合均勻，備用。

❷ 豬肋排洗淨擦乾，倒入作法❶的乾醃料，塗抹均勻後，醃製 30 分鐘以上。

❸ 作法❷放入電鍋蒸約 40 分鐘。

❹ 取一小碗，將烤肉醬的所有材料混合均勻，備用。

❺ 作法❸蒸好的肋排，塗上作法❹的烤肉醬，烤箱預熱 230℃，放入烤箱烤 13 分鐘，翻面刷醬，再烤 13 分鐘。

❻ 作法❺盛盤，淋上剩下的烤肉醬，即完成。

份數	成本	器具
3人	$360	電鍋、烤箱

重點食材	購買點
肋排	傳統市場

美式BBQ烤豬肋排

美式肋排的特點就是烤肉醬，一般作法通常烤製的時間較久，過於費工，所以我結合電鍋將肋排蒸軟之後，再加入醬汁把肋排烤到入味。同時能夠軟化肋排的肉質，有嚼勁但不會太硬，也可以把烤肉醬汁的味道融進肉裡。

份數 3人 | 成本 $85 | 器具 平底鍋

重點食材 起司、番茄 | 購買點 Costco

起司番茄沙拉

這道菜又稱為「卡布里沙拉」，是義大利很著名的前菜。用起司、番茄、橄欖油醋、黑胡椒搭配而成，吃的就是番茄跟油醋的爽口，以及起司濃郁的香氣。主要是用莫札瑞拉起司搭配巴薩米克醋，但因為成本高，所以我改用較好取得的自製酒醋。

Cheese & tomato

（材料）

牛番茄 … 350g
油 … 30.c.c
檸檬汁（或紅酒醋）… 20.c.c
起司片 … 200g
九層塔（或羅勒葉）… 5g
黑胡椒 … 1g

（作法）

❶ 將番茄洗淨，切成片狀，以中大火乾煎至微微上色。

❷ 取一小碗，將油與檸檬汁混合均勻成醬汁，備用。

❸ 取一平盤，放上起司片與番茄片，以交錯的方式堆疊在一起。

❹ 最後在作法❸放上九層塔裝飾，淋上作法❷調好的醬汁，撒上黑胡椒，即完成。

Costco 購買的起司較為便宜，種類選擇也豐富，對於這道菜的成本會更划算。番茄也可省略煎的步驟直接食用。

美式起司漢堡

份數 3人 | 成本 $115 | 器具 平底鍋

重點食材 小漢堡 | 購買點 超市

美式漢堡排跟日式漢堡排差在沒有用麵包粉、雞蛋、洋蔥，是以整塊的絞肉製作成的，優點是味道濃郁，充滿油脂香氣，但缺點是容易膩，所以做成小漢堡，大小適中剛剛好。食譜中採用橘白兩種顏色的起司，融化後會變成很特殊的顏色。

（材料）

豬絞肉（或牛絞肉）… 300g
鹽巴 … 1/4 茶匙
黑胡椒 … 2g
起司 … 60g
小漢堡 … 3 個
番茄醬 … 1 大匙
巴西里 … 少許

（作法）

❶ 取一大碗，將絞肉、鹽巴、黑胡椒混合均勻，攪拌至絞肉產生筋性。

❷ 將作法❶分成 3 或 4 份，捏成圓餅狀，備用。

❸ 起油鍋，以小火將作法❷煎 5 分鐘，至兩面均勻上色。

❹ 作法❸加入 40.c.c 的水，蓋上蓋子燜 5 分鐘；放上起司片，蓋上蓋子再燜 2 分鐘。

❺ 作法❹起鍋，放在對切的小漢堡上，淋上番茄醬，撒上巴西里作裝飾，即完成。

豬絞肉必須要全熟，所以燜的時間要稍微長一點，或是煎完再用烤箱 180℃烤 5 至 10 分鐘。

（材料）

起司片 … 90g
培根片 … 170g
胡椒 … 2g
巴西里 … 1g

Let's party!

（作法）

❶ 將起司片切成約 4 公分大小的正方形，每 3 片堆疊起來。

❷ 用 2 片培根將作法❶以交錯的方式，由外向內包裹捲起。

❸ 作法❷封口朝下，熱鍋，以小火煎至焦脆。

❹ 作法❸翻面，繼續煎至上色，待外觀上色、起司融化後盛盤。

❺ 作法❹盛盤，插上牙籤固定住，撒上胡椒與巴西里，即完成。

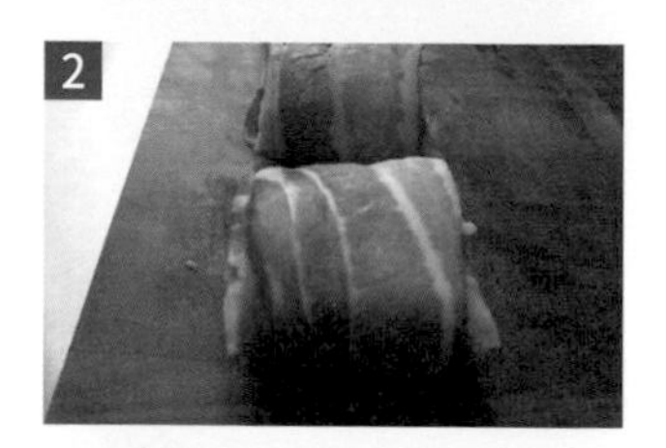

若擔心煎培根時，火侯太大容易讓封口打開，可在煎完後用牙籤固定。

培根起司捲

份數	成本	器具
3人	$100	平底鍋

重點食材	購買點
培根	超市

美味的食材搭配在一起，基本上就先贏一半，培根與起司就是這樣的組合，包裹在培根裡的起司，搭配外面煎至焦脆的培根，外脆裡軟，一口一個，是很簡單卻很好吃的開胃菜組合。

泰式繽紛鳳梨炒飯

份數	成本	器具
2人	$113	平底鍋

重點食材	購買點
鳳梨	傳統市場

鳳梨炒飯是很開胃的一道料理，用咖哩粉炒出來的炒飯香味很濃郁，最後加入的鳳梨，炒過之後十分酸甜爽口，很適合天氣熱的時候食用。用鳳梨當作碗，不僅看起來很漂亮，取下來的鳳梨肉可以打成果汁或是當作飯後水果都很不錯。

（材料）

鳳梨 … 1 顆
鳳梨果肉 … 70g
洋蔥 … 50g
紅蘿蔔 … 50g
雞蛋 … 2 顆
白飯 … 400g
魚露 … 2 大匙
咖哩粉 … 2 大匙
蝦仁 … 7 隻
椰子脆片或堅果 … 少許

Woody Tips

▶ 炒飯過程要保持大火，飯粒才會粒粒分明。

▶ 可以在鳳梨盅中鋪一層鋁箔紙，防止鳳梨盅的水分讓炒飯變濕。

（作法）

❶ 將鳳梨從 1/3 處切開，保留頂部，切開後挖下果肉（切丁），備用。

❷ 洋蔥切丁、紅蘿蔔去皮切丁；將雞蛋打散均勻成蛋液，備用。

❸ 起油鍋，將洋蔥丁爆香，再加入作法❷的蛋液拌炒。

❹ 作法❸加入紅蘿蔔翻炒，倒入白飯，以大火翻炒至炒鬆。

❺ 作法❹加入魚露與咖哩粉調味，倒入鳳梨果肉與蝦仁，翻炒至熟。

❻ 作法❺放入作法❶的鳳梨盅，撒上一點椰子脆片或堅果裝飾，即完成。

份數 4人 | 成本 $163 | 器具 電鍋

重點食材 娃娃菜 | 購買點 超市

娃菜菌菇清雞湯

這是宴會很常出現的菜，特點是作法簡單，可以一次出一碗，也可以出多人份數。因為過程不複雜，省時省力，所以在家請客也十分適合。利用娃娃菜、菇類、雞肉的原味，蒸出清爽帶有甜味的湯，就算不是飯店師傅也能做出有樣子的大菜。

（材料）

娃娃菜 … 2 株

雞小腿 … 6 隻

美白菇 … 65g

鮮香菇 … 50g

市售雞高湯 … 1200.c.c

枸杞 … 10g

（作法）

❶ 娃娃菜洗淨切除根部後，切對半；美白菇去尾；枸杞泡水，備用。

❷ 於電鍋內鍋中，依序放入娃娃菜、雞小腿、美白菇與香菇。

❸ 將作法❷倒入雞高湯，放入作法❶的枸杞。

❹ 將作法❸蓋上蓋子，放入電鍋蒸約 25 分鐘，至雞腿肉熟透即完成。

蒸的時候若沒有蓋子，可以用鋁箔紙替代，加蓋之後才不會因為蒸氣水滴入湯中，讓湯的味道變淡。

Woody Tips

細絲豆腐羹

切成絲的所有食材，嚐起來口感十分滑順，也因為整碗羹中充滿了細絲，看起來有種中式華麗感。作法十分簡單，只需要一點點耐心，慢慢的把食材切絲，基本上這道菜是絕對不會失敗的。

（材料）

菠菜 … 60g

紅椒 … 40g

蟹肉棒 … 100g

雞蛋豆腐 … 1 盒

玉米粉 … 2 大匙

水 … 4 大匙

市售高湯 … 1000.c.c

鹽巴 … 1/2 茶匙

Woody Tips

食材越細，看起來會越華麗，但要小心切的時候不要切到手。

（作法）

❶ 菠菜與紅椒洗淨切成細絲狀；蟹肉棒剝成絲，備用。

❷ 雞蛋豆腐先切成片狀，再盡可能切成細絲。熱水沖過之後，備用。

❸ 取一小碗，將玉米粉與水混合均勻成勾芡水，備用。

❹ 取一湯鍋，將雞高湯煮滾後，放入蟹肉棒絲、紅椒絲，再次煮滾。

❺ 作法❹放入菠菜絲、豆腐絲，煮滾後以鹽巴調味。

❻ 最後分 3 次加入作法❸，攪拌均勻勾芡成羹湯，即完成。

胡麻迷你蒸籠時蔬

份數	成本	器具
3人	$148	電鍋

重點食材	購買點
季節蔬菜	傳統市場

在大型宴會或派對上，總是看到許多大魚大肉，很少看到蔬菜，但其實蔬菜很好準備，不僅預算低，也能利用蔬菜爽口的特色與肉類菜餚取得平衡。這道菜的特色除了各種當令鮮蔬外，就是百搭的日式胡麻醬，自製醬汁比市售的更加濃純健康。

（材料）

地瓜 … 400g
筊白筍 … 120g
南瓜 … 300g
玉米 … 300g
玉米筍 … 100g
美乃滋 … 50g
香油 … 1 茶匙
麻油 … 1 茶匙
醬油 … 1 茶匙
水 … 30g

Woody Tips

▶ 地瓜比較不容易熟，所以一定要蒸到透。

▶ 蔬菜也可選用蘆筍、花生、菱角等，這類本身味道不強烈，蒸也不容易軟爛的食材替代。

（作法）

❶ 地瓜連皮刷洗乾淨，切成小塊狀，備用。

❷ 筊白筍切成一口大小、南瓜切片狀、玉米切塊，備用。

❸ 作法❶地瓜用電鍋蒸 40 分鐘，至中心熟軟，備用。

❹ 筊白筍、玉米筍、南瓜與玉米，蒸約 20 分鐘。

❺ 取一小碗，將美乃滋、香油、麻油、醬油混合均勻，備用。

❻ 作法❺中，緩緩加入水，並攪拌均勻成胡麻醬。

❼ 將蒸好的蔬菜盛盤，搭配調製好的胡麻醬即完成。

Column

派對儀式感的營造

舉辦派對的時刻就是特殊節日，除了要有美味菜餚，擺設也可增添紀念日、節日的過節氛圍，透過營造這些儀式感，就算不去餐廳用餐，在家也能體驗燭光晚餐般的享受。

餐桌上的小配件

餐桌上出現乾燥花、醬料罐、小擺飾，可以增添桌面的豐富感，就算是用餐時不會使用到，也能提升愉悅的心情。桌巾、小盤子這類物品，也可特別挑選出適合當下季節，或屬於這個節日的配色。

餐桌的簡單布置

這是我平時搭配的餐桌擺設，通常習慣由右手側去拿取餐具，所以飲料杯也會統一放在右側。再來為了節日，選用金色的餐具，而左側跟左上方，因為是比較不容易用到的區域，所以放置裝飾用的桌巾與裝飾小物，正前方則是保持空曠，不影響拿取菜餚的動線。

簡單來說，營造儀式感就是想辦法把家裡裝飾得像是在外面吃飯，享受餐廳的氛圍，所以要擺設，也可以參考餐廳的擺法，再依照自己的喜好與手邊現有的東西來做裝飾，如此，就能輕鬆地營造出屬於自己的派對儀式感。

屋底下的廚房

主廚Woody的療癒食譜103道，今日一人食也幸福！

作　　者 | 邱俊諺 Woody
發 行 人 | 林隆奮 Frank Lin
社　　長 | 蘇國林 Green Su

出版團隊

總 編 輯 | 葉怡慧 Carol Yeh
主　　編 | 鄭世佳 Josephine Cheng
企劃編輯 | 楊玲宜 ErinYang
責任行銷 | 朱韻淑 Vina Ju
封面裝幀 | 謝佳穎 Rain Xie
封面攝影 | 璞真奕睿
內頁設計 | 黃靖芳 Jing Huang

行銷統籌

業務處長 | 吳宗庭 Tim Wu
業務主任 | 蘇倍生 Benson Su
業務專員 | 鍾依娟 Irina Chung
業務秘書 | 陳曉琪 Angel Chen
　　　　　莊皓雯 Gia Chuang

發行公司 | 精誠資訊股份有限公司 悅知文化
　　　　　105台北市松山區復興北路99號12樓
訂購專線 | (02) 2719-8811
訂購傳真 | (02) 2719-7980
悅知網址 | http://www.delightpress.com.tw
客服信箱 | cs@delightpress.com.tw
ISBN：978-986-510-067-4

建議售價 | 新台幣380元
初版一刷 | 2020年12月

國家圖書館出版品預行編目資料

屋底下的廚房：主廚Woody的療癒食譜103道，今日一人食也幸福！／邱俊諺（Woody）著. -- 初版. -- 臺北市：精誠資訊，2020.12
　面；　公分
ISBN 978-986-510-067-4（平裝）
1. 食譜

427.1　　　　109017589

建議分類 | 生活風格・烹飪食譜

線上讀者問卷 TAKE OUR ONLINE READER SURVEY

燃燒你的料理魂，
即便再忙碌的生活，
也要好好款待
自己的胃。

——《屋底下的廚房》

請拿出手機掃描以下QRcode或輸入以下網址，即可連結讀者問卷。
關於這本書的任何閱讀心得或建議，歡迎與我們分享 ◡̈

https://bit.ly/35DlUAY

屋底下的廚房

主廚Woody的療癒食譜103道，今日一人食也幸福！

這本書獻給所有享受自己做料理的朋友們❤感謝各位讀者對於《屋底下的廚房》一書的支持，購書憑發票即可參加抽獎，將有機會獲得【鍋寶】熔岩厚釜鑄造不沾鍋系列好禮哦！

活動參加方式：

請將購買《屋底下的廚房》一書發票＆明細、實書拍照，前往 **google 表單專屬活動頁**（需登入 google 帳號），上傳與完整填寫相關資訊，即有機會參加抽獎。

掃描 QR CODE 前往 google 活動表單

時間：即日起至 2021/1/20（三）晚上 23:59 截止

獎項：

- 【鍋寶】熔岩厚釜鑄造不沾炒鍋 28cm（附蓋）乙份
  市價 1580 元（共 2 名）
- 【鍋寶】熔岩厚釜鑄造不沾湯鍋 18cm（附蓋）乙份
  市價 1180 元（共 2 名）

產品資訊
請參考

特別感謝 鍋寶 | COOK power 贊助

得獎公布時間：

2021/1/25（一）將於**悅知文化 facebook 粉絲專頁**公布得獎名單

注意事項：

1. 獎項寄送僅限台灣本島。
2. 請完整填寫表單資訊，若同發票號碼重複登錄資訊，將視為一筆抽獎。